Für PSB

Pinguicula spp

Würde nicht die Erde, von seinem Blick zu bösem Treiben angefeuert, ihn mit Giftpflanzen unterschiedlichster Art begrüßen ...

Würde er nicht plötzlich in die Erde versinken und eine unfruchtbare, verdorrte Stelle zurücklassen, wo im Laufe der Zeit tödlicher Nachtschatten, blutroter Hartriegel, Bilsenkraut und was das Klima sonst noch an Giftkräutern hervorbrachte, widerwärtig wuchern würden?

Nathaniel Hawthorne, *Der scharlachrote Buchstabe*

AMY STEWART

GEMEINE GEWÄCHSE

DAS A BIS Z DER PFLANZEN, DIE MORDEN, VERSTÜMMELN, BERAUSCHEN UND UNS ANDERWEITIG ÄRGERN

Übersetzung aus dem Amerikanischen
von Stephan Pauli

Radierungen von Briony Morrow-Cribbs
Illustrationen von Jonathon Rosen

PIPER

Mehr über unsere Autoren und Bücher:
www.piper.de

»Weitere Anregungen zur Lektüre in deutscher Sprache« ist
eine Ergänzung des Berlin Verlags, mit freundlicher
Genehmigung von Amy Stewart.

MIX
Papier aus verantwor-
tungsvollen Quellen
FSC® C083411

Ungekürzte Taschenbuchausgabe
ISBN 978-3-492-31357-5
Oktober 2017
© 2009 Amy Stewart
© der deutschsprachigen Ausgabe:
2011 Berlin Verlag in der Piper Verlag GmbH, München
Umschlaggestaltung: zero-media.net, München
nach einem Entwurf von Rothfos & Gabler, Hamburg
Typografie: Andrea Engel, Berlin
Satz: psb, Berlin
Gesetzt aus der Stone Serif
Druck und Bindung: CPI books GmbH, Leck
Printed in the EU

INHALT

Schlussbemerkungen

SEIEN SIE GEWARNT

Ein Baum, der Giftdolche abfeuert. Ein leuchtend roter Samen, der den Herzschlag stoppt. Ein Strauch, der unerträgliche Schmerzen verursacht, eine Kletterpflanze, die berauscht, ein Blatt, das einen Krieg auslöst: Im Reich der Pflanzen lauern unermessliche Gefahren.

1844 beschrieb Nathaniel Hawthorne in seiner Erzählung »Der Garten des Bösen« einen bejahrten Arzt, der einen verwunschenen, von Mauern umgebenen Garten pflegte. Sobald sich der alte Mann in der Nähe seiner Sträucher und Schlingpflanzen befand, war es, »als ginge er unter bösen Gewalten einher, wilden Furien, todbringenden Schlangen, bösen Geistern, von denen ihm furchtbares Unheil drohe im kleinsten unbeherrschten Augenblick«. Der Held der Geschichte, der junge Giovanni, beobachtete dies von seinem Fenster aus und fand es höchst beunruhigend, »diese Unsicherheit an einem Menschen zu beobachten, der einen Garten pflegt, bei dieser einfachsten und unschuldigsten aller menschlichen Beschäftigungen«.

Unschuldig? So sah Giovanni die üppige Vegetation unter seinem Fenster, und genauso nähern sich die meisten von uns den Pflanzen in unseren Gärten und in der freien Natur: mit blindem Gottvertrauen. Nie würden wir aus einer am Straßenrand abgestellten Kaffeetasse trinken, doch auf Wanderungen naschen wir von unbekannten Beeren, als wären sie nur dazu da, unseren Hunger zu stillen. Wir brauen Arzneitee aus fremdartigen Rinden und

Blättern, die uns ein Freund geschenkt hat, und glauben, alles Natürliche könne nichts anderes als gesund sein. Und kommt ein Baby ins Haus, laufen wir los und besorgen Sicherheitskappen für die Steckdosen, übersehen aber die Zimmerpflanze in der Küche und den Strauch neben der Haustür – und das, obwohl allein in den USA jährlich gerade einmal 3900 Menschen durch Stromschläge zu Schaden kommen, während knapp 70 000 durch Pflanzen vergiftet werden.

Sie können jahrelang im Garten arbeiten, ohne von der fatalen Wirkung des Eisenhuts auch nur zu ahnen, dessen strahlend blaue Blüten ein Gift enthalten, das zum Erstickungstod führt. Sie können meilenweit wandern, ohne je auf den Coyotillostrauch zu stoßen, dessen Beeren bei Verzehr eine langsame, aber tödlich verlaufende Lähmung verursachen. Doch eines Tages könnten auch Sie den dunklen Mächten des Pflanzenreichs gegenüberstehen. Und wenn das geschieht, sollten Sie vorbereitet sein.

ICH HABE DIESES BUCH nicht geschrieben, um den Menschen Angst einzujagen. Ganz im Gegenteil. Ich glaube, dass es uns allen guttut, mehr Zeit in der Natur zu verbringen – allerdings sollten wir begreifen, welche Macht sie hat. Ich lebe an der zerklüfteten Küste Nordkaliforniens, und jeden Sommer schleicht sich der Pazifik im Rücken von Familien heran, die sich gerade noch eines unbeschwerten Tages am Meer erfreuten, und fordert Menschenleben. Wir, die hier leben, wissen, dass die sogenannten Schläferwellen ohne jede Vorwarnung töten können. Ich liebe das Meer, aber nie würde ich ihm den Rücken zukehren. Pflanzen verdienen dieselbe respektvolle Vorsicht. Sie können uns nähren und heilen, aber sie können auch zerstören.

Einige der Pflanzen in diesem Buch haben eine wahrhaft skandalträchtige Geschichte. Ein Unkraut tötete Abraham Lincolns Mutter. Ein Strauch hätte beinahe Frederick Law Olmsted, Amerikas berühmtesten Landschaftsarchitekten, das Augenlicht gekostet. Eine blühende Blumenzwiebel ließ die Männer der Lewis-und-Clark-Expedition erkranken, Schierling tötete Sokrates, und das gemeinste aller Gewächse – Tabak – hat 90 Millionen Leben gekostet. Ein anregender kleiner Busch in Kolumbien und Bolivien, *Erythroxylum coca*, hat einen weltweiten Drogenkrieg angezettelt, und in einem der ersten Fälle chemischer Kriegsführung setzten die alten Griechen Nieswurz ein.

Aber auch Pflanzen mit sagenhaft schlechten Manieren verdienen es, hier erwähnt zu werden: Kudzu hat im amerikanischen Süden ganze Autos und Gebäude verschlungen, und ein Seegras, bekannt als Killeralge, erstickt weltweit die Meeresböden, seit es aus Jacques Cousteaus Aquarium in Monaco entkommen konnte. Die abscheuliche Leichenblume riecht nach Verwesung, die Fleischfressende *Nepenthes truncata* kann ganze Mäuse verspeisen, und die Flötenakazie beherbergt Armeen von aggressiven Ameisen, die jeden angreifen, der sich dem Baum auch nur nähert.

Sollte dieses Buch Sie gleichzeitig unterhalten, warnen und aufklären, habe ich alles richtig gemacht. Ich bin weder Botanikerin noch Wissenschaftlerin, sondern eine naturbegeisterte Autorin und Gärtnerin. Für dieses Buch habe ich unter Tausenden von Pflanzen rund um den Globus die faszinierendsten und gemeinsten ausgewählt. Und für die, die sich für die Bestimmung giftiger Pflanzen interessieren, habe ich einige Lesetipps im Literaturverzeichnis zusammengestellt. Falls Sie glauben, jemand wurde durch eine Pflanze vergiftet, verlieren Sie bitte keine wertvolle Zeit, indem Sie dieses Buch nach Symptomen oder Diagnosen durchforsten. Wenn ich auch die möglichen oder wahrscheinlichen Wirkungen vieler Toxine beschreibe, so hängt ihre tatsächliche Stärke doch von vielen Faktoren ab: Wann und wie wurde welcher Teil der Pflanze bei welcher Temperatur gegessen? Versuchen Sie erst gar nicht, es selbst herauszufinden. Rufen Sie lieber den Giftnotruf Ihrer Stadt an oder suchen Sie schleunigst einen Arzt auf.

Und schließlich: Experimentieren Sie nicht mit unbekannten Pflanzen und unterschätzen Sie nicht deren Macht. Tragen Sie während der Gartenarbeit Handschuhe. Überlegen Sie es sich gut, ob Sie wirklich diese Beere am Wegesrand hinunterschlucken oder jene Wurzel in den Suppentopf werfen wollen. Sollten Sie kleine Kinder haben, bringen Sie ihnen bei, keine Pflanzen in den Mund zu nehmen. Sollten Sie Tiere haben, entfernen Sie giftige Pflanzen aus ihrer Umgebung. Die Gartenbaubranche kennzeichnet giftige Pflanzen leider nur sehr lax. Teilen Sie dem Gartencenter Ihres Vertrauens mit, dass Sie gut sichtbare und präzise beschriftete Schilder an gefährlichen Pflanzen begrüßen würden. Verwenden Sie verlässliche Quellen zur Bestimmung giftiger, heilkräftiger und essbarer Pflanzen. (Im Internet kursiert eine Unzahl an Falschinformationen, mit tragischen Folgen.) Ich habe mich nicht davor gescheut, Pflanzen mit berauschender Wirkung aufzunehmen, allerdings, um vor ihnen zu warnen, keinesfalls, um zu ihrem Gebrauch zu ermutigen.

ICH GESTEHE, DASS mich das kriminelle Element im Reich der Pflanzen magisch anzieht, und ich auf einer Gartenshow von einem Prachtexemplar der *Euphorbia tirucalli*, des Bleistiftstrauchs, dessen Milchsaft Striemen auf der Haut hinterlässt, genauso fasziniert bin wie von einer halluzinogenen Mondblume, *Datura inoxia*, die einsam in der Wüste blüht. Es hat etwas Betörendes, ihre dunklen kleinen Geheimnisse zu kennen. Und diese Geheimnisse lauern nicht nur in entlegenen Dschungelwelten. Sie warten im heimischen Garten.

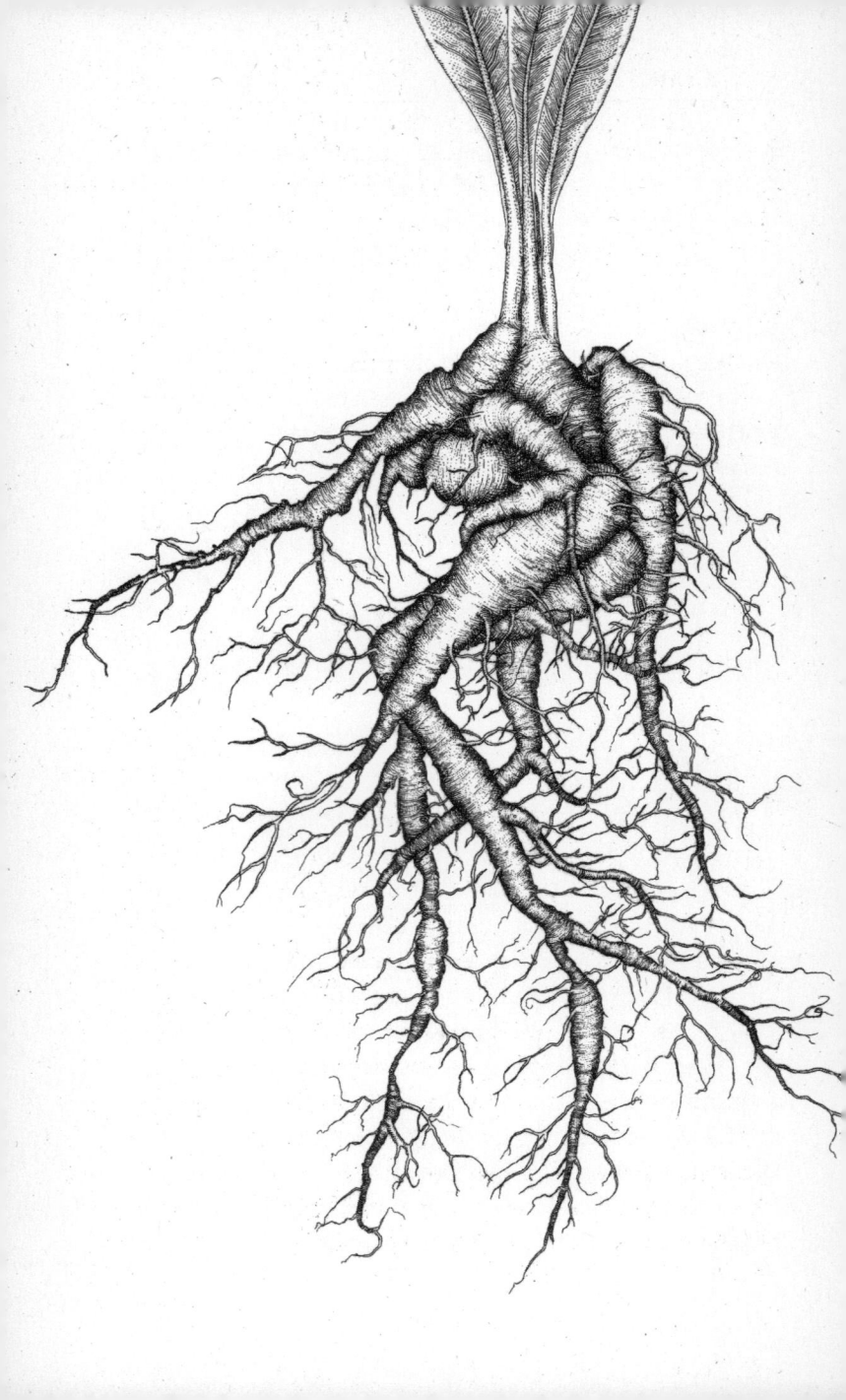

ALRAUNE

MANDRAGORA OFFICINARUM

FAMILIE: Solanaceae (Nachtschattengewächse)
HABITAT: Felder und sonnige Freiflächen
VERBREITUNG: Europa
NAMEN: Satansapfel

Geh, fang einen Stern, der fällt,
Schwängere mir den Alraun,
Sag, wo blieb die Zeit der Welt?
Wer hat des Teufels Huf zerhaun?
John Donne

Die Alraune mag zwar nicht der verschlagenste Verbrecher aus der Nachtschattenfamilie sein, aber sie hat ganz sicher den fürchterlichsten Ruf. Oberirdisch ist sie eine unscheinbare kleine Pflanze mit einer 30 Zentimeter hohen Blattrosette, blassgrünen Blüten und leicht giftigen Früchten, die kleinen unreifen Tomaten ähneln. Doch die Macht der Alraune verbirgt sich unter der Erde.

Ihre langen spitzen Wurzeln wachsen bis zu einem Meter tief und verzweigen sich wie Karotten, die in steiniger Erde wachsen. In der Antike sagte man, die gegabelte haarige Wurzel sähe wie eine teuflische kleine Person aus. Die Römer glaubten, mit Alraunen Dämonen austreiben zu können, und die Griechen meinten, eine Ähnlichkeit zum männlichen Glied zu erkennen und nutzten die Wurzel folglich als Potenzmittel. Weit verbreitet war auch der Glaube, dass die Alraune zu kreischen begänne, sobald man sie aus der Erde zog – so laut, dass ihre Schreie jeden töten würden, der sie hörte.

Flavius Josephus, ein jüdischer Historiker aus dem 1. Jahrhundert vor Christus, beschrieb in seinen Schriften eine Möglichkeit, die schrecklichen Schreie der Alraunen zu überleben. Man band einen Hund an den Fuß der Pflanze und sein Besitzer zog sich auf eine sichere Entfernung zurück. Sobald der Hund loslief, würde er die Wurzel aus dem Boden reißen. Selbst wenn die Schreie ihn töten sollten, könnte man im Anschluss die Wurzel auflesen und verwerten.

Alraunen wurden mit Wein zu einem starken Beruhigungsmittel vermischt, mit dem man auch Feinden zusetzen konnte. Während einer Schlacht um die nordafrikanische Stadt Karthago entwickelte der Feldherr Hannibal circa 200 v. Chr. eine Frühform chemischer Kriegsführung, als er sich aus der Stadt zurückzog und ein Festbankett hinterließ, dessen Getränk aus Mandragora bestand, einem betäubenden Wein, der mit Alraunen angereichert war. Die afrikanischen Krieger tranken und schliefen bald, bis sie von Hannibals zurückkehrenden Truppen hinterhältig überfallen und getötet wurden.

William Shakespeare dachte vielleicht an dieses Ereignis, als er dem Gift in *Romeo und Julia* eine Rolle auf den Leib schrieb. Der Mönch übergibt Julia mit dem folgenden düsteren Versprechen ein Schlafmittel:

Der Lippen und der Wangen Rosen werden
Wie Asche fahl; die Augenlider sinken,
Wie wenn der Tod abschließt den Lebenstag;

Die Alraune verdankt ihre einschläfernde Magie vielen jener Alkaloide, die auch ihre Nachtschatten-Cousins zu einer tödlichen Plage machen. (Alkaloide sind organische Verbindungen mit oftmals pharmakologischer Wirkung auf den menschlichen und tierischen Organismus.) Atropin, Hyoscyamin und Scopolamin sind Wirkstoffe dieser Pflanze, können das Nervensystem lähmen und einen komatösen Zustand herbeiführen. Hat man von der Frucht gegessen, kann das starke Gegengift Physostigmin helfen, das ironischerweise aus der noch giftigeren Kalabarbohne stammt.

FAMILIENBANDE: Zur berüchtigten Nachtschattenfamilie gehören u. a. Paprika, Tomaten und Kartoffeln, aber auch die Tollkirsche.

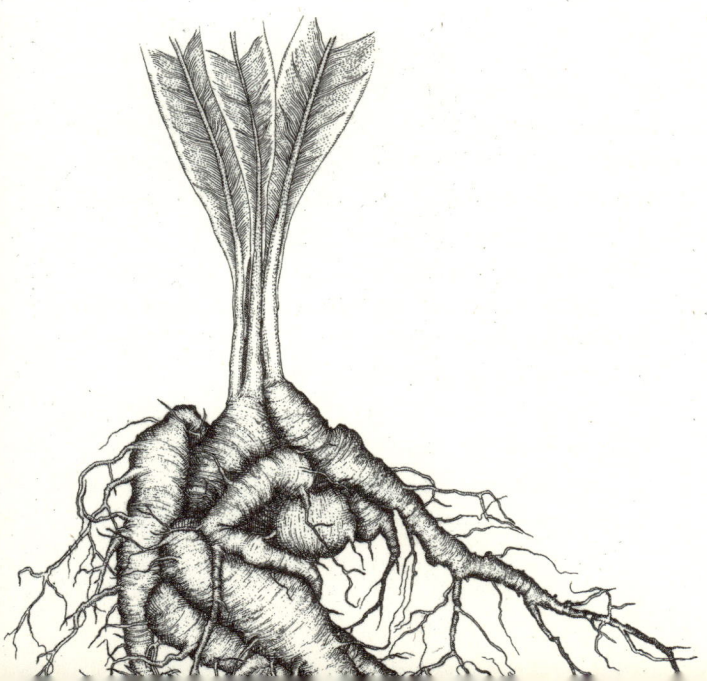

PFEILGIFTE

Ureinwohner in Südamerika und Afrika verarbeiten seit Jahrhunderten toxische Pflanzen zu Pfeilgiften. Der giftige Saft tropischer Ranken, auf eine Pfeilspitze gerieben, ist für Krieger und Jäger gleichermaßen eine wirkungsvolle Waffe. Viele Pfeilgifte, darunter der tropische Kletterstrauch Curare, verursachen Lähmungen. Die Lungen versagen ihren Dienst und das Herz hört auf zu schlagen, obwohl äußerlich noch keine Anzeichen eines Todeskampfes zu erkennen sind.

CURARE   Chondrodendron tomentosum

Die robuste, holzige Kletterpflanze ist in ganz Südamerika zu Hause. Sie enthält das starke Alkaloid D-Tubocurarin, das die Muskeln bis zur Bewegungsunfähigkeit entspannt und somit ideal für Jäger ist, da es binnen kürzester Zeit die Beute lähmt, und getroffene Vögel einfach von den Bäumen fallen. Dabei kann Wild, das mit Curarepfeilen erlegt wurde, bedenkenlos verzehrt werden, weil das Toxin nur dann wirkt, wenn es direkt in den Blutkreislauf und nicht lediglich über den Verdauungstrakt in den Körper gelangt.

Sollte das Tier (oder der Feind) nicht sofort geschlachtet werden, tritt nach wenigen Stunden der Tod durch Atemlähmung ein. Experimente an Tieren, die auf diese

Weise vergiftet wurden, haben gezeigt, dass das Herz noch kurze Zeit nach Aussetzen der Lungentätigkeit weiter schlägt, obschon die arme Kreatur bereits tot zu sein scheint.

Die Wirkung dieses Mittels entging auch den Medizinern des 19. und 20. Jahrhunderts nicht, als sie bemerkten, dass man damit Patienten während einer Operation hervorragend stillhalten konnte. Zwar hat Curare keine schmerzlindernde Wirkung, doch immerhin erlaubte es dem Arzt, seine Arbeit ohne die Störung durch wild um sich schlagende Patienten zu erledigen. Lediglich die Lungentätigkeit musste während der Operation mithilfe künstlicher Beatmung aufrechterhalten werden – die Wirkung des Curare ließ schließlich nach und es blieben keine dauerhaften Schäden zurück.

Man benutzte die Extrakte der Pflanze in Kombination mit anderen anästhetischen Mitteln fast während des gesamten 20. Jahrhunderts, bis sie von neuen, verbesserten Medikamenten abgelöst wurden.

Der Begriff *curare* bezeichnet allgemeiner eine Vielzahl von Pfeilgiften, die aus Pflanzen gewonnen werden, darunter:

GIFT-BRECHNUSS   Strychnos toxifera

Ein südamerikanischer Kletterstrauch und naher Verwandter des Strychninbaums *Strychnos nux-vomica*. Wie Curare verursacht er Lähmungserscheinungen. Beide werden oft zusammen verwendet.

KOMBE   Strophanthus kombe

Die afrikanische Liane enthält ein Glykosid, das direkt auf das Herz wirkt. Zwar führen hohe Dosen zu Herzstillstand, in geringer Konzentration setzte man das Mittel jedoch bei Herzinsuffizienz oder Herzrhythmusstörungen ein. Als der Pflanzenforscher Sir John Kirk im 19. Jahrhundert für die königlichen *Kew Gardens* in London Kombeproben erwarb, nahm er versehentlich ein medizinisches Experiment auf sich: Durch Zufall gelangte etwas Pflanzensaft auf Kirks Zahnbürste, was er erst nach dem Zähneputzen durch den schnellen Abfall seines Pulsschlags bemerkte.

UPASBAUM   Antiaris toxicaria

Ein in China und anderen Teilen Asiens beheimatetes Mitglied der Maulbeerenfamilie. Rinde und Blätter produzieren einen hochgiftigen Milchsaft. Charles Darwins Großvater Erasmus behauptete, dass allein die Düfte dieses Baums jeden töten könnten, der sich auf zwei Meilen heranwagte. Zwar handelt es sich dabei nur um eine Legende, doch Hinweise auf die gesundheitsschädlichen Ausdünstungen des Upasbaums finden sich auch in Texten von Charles Dickens, Lord Byron und Charlotte Brontë. Eine Figur aus einem Roman Dorothy L. Sayers' beschrieb einen Serienmörder als »Cousin ersten Grades des Upasbaums«. Wie auch andere Pfeilgifte enthält der Saft ein starkes Alkaloid, das zu Herzversagen führen kann.

ACOKANTHERA   Acokanthera spp.

Dieser Busch gehört zur Familie der – nomen est omen – Hundsgiftgewächse und stammt aus Südafrika. Dort wurde er auf besonders hinterlistige Weise eingesetzt: Man schmierte seinen Saft auf die scharfkantigen Samen des Erdsternchens (*Tribulus terrestris*). Dieser Samen hat die Form eines Krähenfußes, einer einfachen Waffe mit meist vier spitzen Stacheln, von denen einer immer nach oben zeigt. Eisenvarianten dieser Waffe sind seit der Römerzeit in Gebrauch: Zur Verteidigung schleuderte man sie einfach in die Laufwege sich nähernder Feinde. Ähnlich bohren sich auch mit Acokanthera beschmierte Erdsternchensamen rasch in die Füße der Angreifer und bremsen mit ihren zentimeterlangen Dornen merklich deren Elan.

AUSTRALISCHE BRENNNESSEL

DENDROCNIDE MOROIDES

FAMILIE: Urticaceae (Brennnesselgewächse)

HABITAT: Regenwälder, vor allem in zerstörtem Gelände, in Schluchten oder an Hängen

VERBREITUNG: Australien

NAMEN: Gympie Gympie

Die Australische Brennnessel wird als der meistgefürchtete Baum Australiens bezeichnet. Sie erreicht Höhen von bis zu zwei Metern und trägt anziehende Trauben mit roten Früchten, die Himbeeren ähneln. Die Pflanze ist vollständig von feinen Brennhärchen überzogen, die an Pfirsichflaum erinnern, aber ein bösartiges Neurotoxin enthalten. Es reicht, einmal über die Pflanze zu streichen, um unerträgliche Schmerzen zu erleiden, die bis zu einem Jahr andauern können. In einigen überlieferten Fällen war der Schock über den Schmerz so groß, dass er einen Herzinfarkt auslöste.

Die Härchen selbst sind so winzig, dass sie die Haut mühelos durchdringen und danach kaum noch entfernt werden können. Das Silizium wird im Blutkreislauf nicht abgebaut, und auch das Toxin selbst ist überraschend widerstandsfähig. Selbst in alten, bereits vertrockneten Exemplaren bleibt es aktiv. Der Schmerz wird noch Monate später durch extreme Hitze oder Kälte, manchmal auch durch bloße Berührung reaktiviert. Sogar ein Spaziergang durch Wälder mit Australischen Brennnesseln kann gefährlich sein. Die Pflanze haart fortwährend und Passanten müssen damit rechnen, ihre Härchen zu inhalieren oder sie in die Augen zu bekommen.

Ein australischer Soldat hatte besonderes Pech, als er während seiner Ausbildung im Jahr 1941 gestochen wurde. Er fiel mitten in eine der Pflanzen, sodass sein ganzer Körper fürchterlich malträtiert wurde. Drei qualvolle Wochen war er ans Krankenhausbett gefesselt. Einen anderen Offizier hatte es derartig schlimm erwischt, dass er Selbstmord beging, um den Schmerzen zu entkommen. Doch nicht nur Menschen sind betroffen – Zeitungen berichteten im 19. Jahrhundert von Pferden, die durch die Stiche starben.

Jeder, der den australischen Regenwald durchquert, ist gut beraten, sich vor dieser Pflanze zu hüten. Sie durchdringt auch Schutzkleidung ohne Mühe. Mit handelsüblichen Wachsstreifen lassen sich neben den eigenen auch die feinen Härchen der Pflanze entfernen. Experten empfehlen vor dieser Behandlung einen großzügigen Schluck Whiskey.

FAMILIENBANDE: Die Australische Brennnessel gehört zur Familie der Nesseln; zu dieser Gattung zählt *Dendrocnide moroides*, die angeblich schmerzhafteste Art. Auch *D. excelsa, D. cordifolia, D. subclausa* und *D. photinophylla* sind Mitglieder der Familie der Brennnesseln.

BETELNUSS

ARECA CATECHU

FAMILIE: Arecaceae (Palmengewächse)
HABITAT: Tropischer Regenwald
VERBREITUNG: Südostasien
NAMEN: Betelnusspalme, Arecanuss, Pinang

Anmutig erhebt sich die Betelpalme auf einem schlanken dunkelgrünen Stamm in Höhen von bis zu 20 Metern. Sie hat glänzende, dunkelgrüne Blätter und bildet hübsche weiße Blüten, die tropische Düfte verströmen. Diese Palme verantwortet aber auch die Betelnuss, ein suchterzeugendes Genussmittel, das die Zähne schwarz und den Speichel rot färbt. Weltweit wird sie von 400 Millionen Menschen konsumiert.

Der Brauch, Betelnüsse zu kauen, existiert bereits seit mehreren tausend Jahren. In einem Grab in Thailand wurden 7000 bis 9000 Jahre alte Samen gefunden, und auf den Philippinen entdeckte man ein Skelett von etwa 2680 v. Chr., dessen Zähne vom Saft der Betelnuss gefärbt waren.

Ähnlich wie Coca wird die Betelnuss zwischen Kiefer und Gaumen gepresst, oft mit einer kleinen Beigabe für den besonderen Kick. In Indien wickelt man dünne Scheiben der Nuss zusammen mit Löschkalk (aus Asche extrahiertes Kalziumhydroxid), indischen Gewürzen und hin und wieder auch Tabak in ein Betelblatt. Das Betelblatt stammt vom *Piper betle* oder Betelpfeffer, einem niedrig wachsenden Immergrün, dessen Blätter ein Aufputschmittel enthalten. Die Betelnusspalme hat ihren Namen von der Zweckgemeinschaft mit dieser zwar nicht verwandten, aber synergetischen Pflanze.

Das Paket aus Blatt und Nuss, oft als Priem bezeichnet, hat einen bitteren, pfefferigen Geschmack und entlässt Alkaloide, die jenen im Nikotin ähneln. Konsumenten erleben einen Energieschub, ein leichtes Hochgefühl und produzieren mehr Speichel, als sie bei sich behalten können.

Wenn Sie Betel kauen, gibt es nur eine Möglichkeit, dem unablässigen Fluss von rotem Speichel zu begegnen: Sie müssen ihn ausspucken (schlucken verursacht Schwindel). In Ländern, in denen Betelnüsse populär sind, sind die Gehwege deswegen mit rotem Speichel gesprenkelt. Wem das zu eklig erscheint, sollte an den Dichter und Essayisten Stephen Fowler denken: »Das Erlebnis des hemmungslos fließenden Speichels gewährt eine fast orgiastische Befriedigung. Besonders herrlich sind die Nachwirkungen: Wenn man zu Ende gekaut hat, staunt man über einen frischen und süßen Mund. Man fühlt sich auf einzigartige Weise sauber, entgiftet und entschlackt.«

Der Betelnuss wird in ganz Indien, Vietnam, Papua-Neuguinea, China und Taiwan gefrönt. Dort geht die Regierung hart gegen die »Betelnuss-Beautys« vor, knapp bekleidete Frauen, die in Straßenständen sitzen und ihre Ware an Trucker verkaufen.

Das regelmäßige Kauen von Betel macht nicht nur abhängig – Entzugssymptome sind Kopfschmerzen und Schweißausbrüche –, es führt auch zu einem erhöhten Mundkrebsrisiko und kann Asthma und Herzkrankheiten begünstigen. Der Gebrauch ist in vielen Teilen der Welt nicht reglementiert und Gesundheitsexperten befürchten, dass es dem Tabak als Gesundheitsrisiko Nummer eins den Rang ablaufen könnte.

FAMILIENBANDE: Die Betelpalme ist das vielleicht bekannteste Mitglied der Areca-Gattung, die etwa 50 verschiedene Palmenarten umfasst. Ihr Komplize, der *Piper betle*, ist unter anderem mit dem *P. nigrum*, also schwarzem Pfeffer, und *P. methysticum* (Rauschpfeffer), Quelle des milden Kräutergetränks Kava, verwandt.

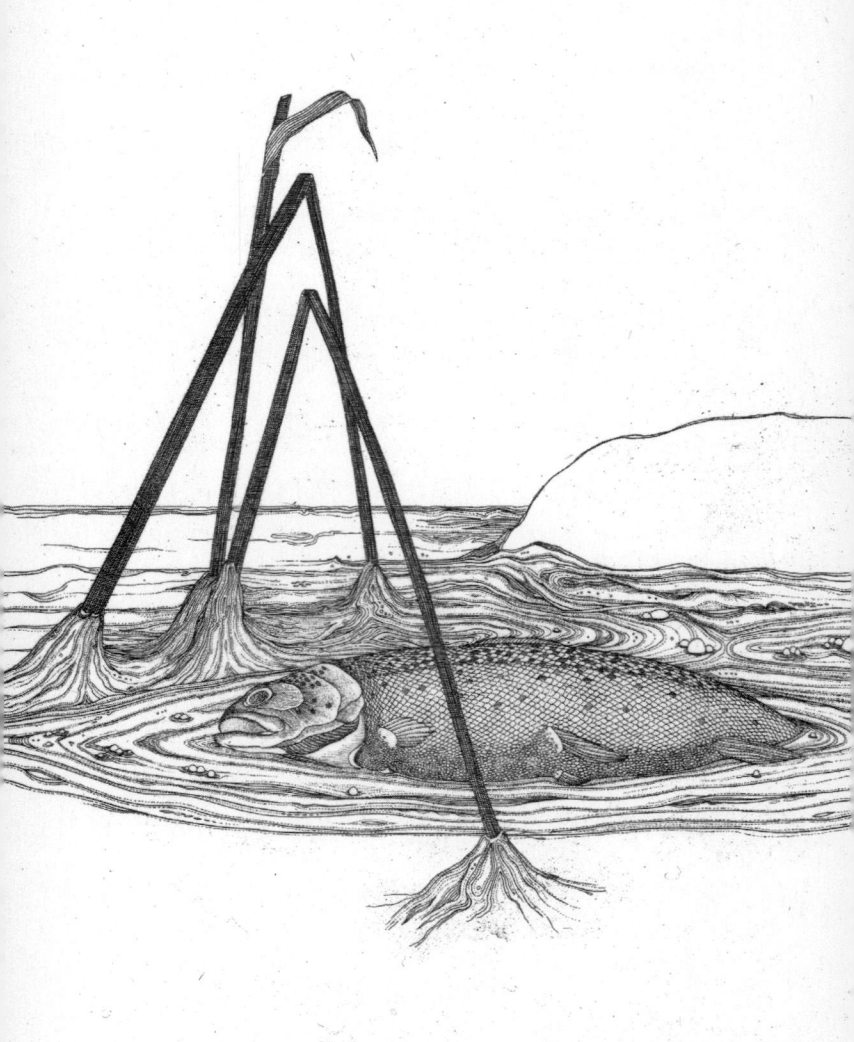

BLAUALGEN

CYANOBACTERIA

KÖNIGREICH: Bacteria
HABITAT: Salz- und Süßwassergebiete weltweit, dar-
               unter Ozeane, Flüsse, Teiche, Seen und
               Bäche
VERBREITUNG: Eigentlich überall und selbst in 3,5 Mil-
               liarden Jahren alten Fossilien
NAMEN: Giftalgen

M ag Schwimmschlamm auch eigentlich keine Pflanze
   sein – diese spezielle Algenform wird als Bakterium
klassifiziert –, so bedroht diese grüne Kreatur, die auf der
ganzen Welt vorkommt, doch Mensch und Tier. Einige Arten von *Cyanobacteria*, auch als Blaualge bekannt, können
spontan erblühen und dabei Gifte ins Wasser abgeben.
Menschen, die dieses Wasser trinken oder kontaminierten
Fisch essen, haben mit Krämpfen, Erbrechen, Fieber, Lähmungserscheinungen und dem Tod zu kämpfen.

Aber was bringt eine gewöhnliche Algenpopulation
dazu, zu erblühen und dabei ihr Gift abzusondern? Die
Wissenschaft rätselt noch. Düngemittel könnten eine Rolle
spielen. Auch hohe Temperaturen und ruhige Gewässer
begünstigen das Wachstum der Alge, und tatsächlich
scheinen Vergiftungen in warmen Klimazonen während
der Sommermonate häufiger aufzutreten.

In Teichen, Seen oder Flüssen zu baden, in denen die

Algen sichtbar sind, stellt definitiv ein Gesundheitsrisiko dar. Neben anderen Giften, die zu allergischen Reaktionen und Organschäden führen können, bilden die Algen Hepatoxine, die Nierenversagen, und Neurotoxine, die Lähmungen verursachen können.

Zu den Giften, die die Alge produziert, zählt auch Domoinsäure, die Schwindel und Gedächnisverlust auslösen kann. Eine Vergiftung mit der Säure tritt typischerweise nach dem Verzehr von Schalentieren ein, die sich von bestimmten Algenarten ernähren; das Syndrom ist als amnestische Schalentiervergiftung (Amnesic shellfish poisoning, ASP) bekannt. Es kann nicht behandelt werden, und Medikamente führen lediglich zu einer Linderung der Symptome. Was bleibt, ist die Hoffnung, dass sich der Patient aus eigener Kraft erholt.

Eine Algenblüte tötete 1988 in Brasilien 88 Menschen und machte Tausende krank. Im Jahr 2007 waren Meeresbiologen in Los Angeles entsetzt, als durch die Blüte toxischer Algen Seelöwen und Robben mit Krämpfen an die Küste gespült wurden. Mehrere Ausbrüche haben in Australien Mensch und Vieh bedroht. Und der berüchtigtste Vorfall wurde erst vor Kurzem überhaupt als solcher erkannt: Im Jahr 1961 erwachten die Einwohner im kalifornischen Santa Cruz vom Lärm der Vögel, die gegen ihre Häuser krachten. Einige der Bewohner eilten mit Taschenlampen nach draußen, wo sie Heerscharen toter Vögel auf den Straßen fanden und orientierungslose, kranke Möwen sahen, die, vom Licht angezogen, auf sie zustürmten.

Diese Geschichte erregte die Aufmerksamkeit von Alfred Hitchcock, der gerade darüber nachdachte, einen Film nach Daphne du Mauriers Erzählung Die Vögel zu drehen. Durch die wahre Begebenheit motiviert, begann Hitchcock die Arbeit am Film. Es dauerte über 40 Jahre, bis Wissenschaftler herausfanden, dass das bizarre Verhalten der Vögel höchstwahrscheinlich durch eine giftige Algenblüte verursacht worden war. Die Vögel hatten Sardinen gefressen, die sich zuvor mit den Algen vergiftet hatten.

FAMILIENBANDE: Es gibt Tausende von Algenarten auf der Welt, von denen viele für Menschen und Meerestiere von Nutzen sind. Eine der bekanntesten *Cyanobacteria* ist Spirulina (*Arthrospira platensis*), ein beliebtes natürliches Nahrungsergänzungsmittel.

ORDALGIFTE

Unter europäischen Entdeckern des 19. Jahrhunderts kursierte die Mär von der Existenz einer westafrikanischen Bohne, die Schuld und Unschuld eines Menschen festlegen könne. Den örtlichen Gebräuchen gemäß musste der Angeklagte die Bohne schlucken und die Reaktion seines Körpers bestimmte den Ausgang des Prozesses. Falls er die Bohne wieder erbrach, war er unschuldig. Sollte er jedoch sterben, so war er schuldig und bekam, was er ohnehin verdiente. Es gab aber noch eine dritte Möglichkeit: Er könnte die Bohne über den Stuhlgang abführen. In diesem Fall galt er ebenfalls als schuldig und wurde zur Strafe in die Sklaverei verkauft. (Ein blühender Sklavenmarkt, der bis ins 15. Jahrhundert zurückreichte, ermöglichte diese Schrulle im westafrikanischen Rechtssystem.)

Diese Praxis war als Ordalprozess *oder* Gottesgericht *bekannt, und Pflanzen, die man für solche Prozesse verwendete, hießen* Ordalpflanzen. *Zum Einsatz kamen verschiedene Arten: Wollten die Richter das Ergebnis zugunsten des Angeklagten beeinflussen, konnten sie eine weniger giftige Pflanze auswählen.*

KALABARBOHNE   Physostigma venenosum

Die Kalabarbohne, das Ordalgift schlechthin, blüht in warmen tropischen Klimazonen und erreicht eine Höhe von 20 Meter. Ihre roten Blüten ähneln jenen der Feuerbohne und bilden lange, dicke Samenschoten sowie kräftige, dunkelbraune Bohnen aus.

Verantwortlich für die giftige Wirkung der Bohne ist das Alkaloid Physostigmin. Es wirkt wie ein Nervengas, indem es die Kommunikationswege zwischen Nerven und Muskeln stilllegt. Die Folgen sind Unmengen von Speichel, Krämpfe und der Kontrollverlust über Blase und Darm. Wenn schließlich das Atmungssystem außer Kontrolle gerät, tritt der Tod durch Erstickung ein.

Die chemische Zusammensetzung des Alkaloids und eine Portion Populärpsychologie könnten erklären, warum ein und dieselbe Pflanze auf all die armen Seelen, die sich einem Ordalprozess ausgesetzt sahen, eine derart unterschiedliche Wirkung haben konnte. Jemand, der wusste, dass er unschuldig war, würde die Bohne schnell kauen und mit Stolz hinunterschlucken. Die eher kleine Dosis Gift, die er dabei aufnähme, führte zum Erbrechen, bevor die Bohne mehr Schaden anrichten könnte. Ein Schuldiger hingegen, der den Tod fürchtet, nimmt vielleicht nur zögerlich kleine Happen zu sich. Ironischerweise wäre es gerade dieser Versuch, das Leben zu verlängern, der den Tod beschleunigt, da sich das Opfer so stufenweise und gewissenhaft das Gift einverleibt.

Um 1860 war die Kalabarbohne Londoner Stadtgespräch. Als Dr. James Livingstone aus Afrika zurückkehrte, hatte er einen Bericht von einem Gift im Gepäck, das er Muave nannte. Demzufolge gab es Stammeshäuptlinge, die bereit waren, das lebensgefährliche Muave zu trinken, nur um zu beweisen, dass sie weder schuldig oder charakterschwach waren noch unter dem Bann der Hexerei standen. Mary Kingsley, eine wegweisende Entdeckerin, die viele Tabus brach, weil sie alleine zu vormals unentdeckten Landstrichen Afrikas reiste, schrieb 1897 von einem Eid, den einige Stammesmitglieder schworen, bevor sie ein Ordalgift namens Mbiam zu sich nahmen: »Sollte ich dieses Verbrechen begangen haben ... Dann, Mbiam, vernichte mich!«

Diese gruseligen Gesänge hielten britische Wissenschaftler jedoch nicht davon ab, die Bohnen an sich selbst auszuprobieren. In einer »Wissenschaftliches Martyrium« betitelten Reportage beschrieb die Londoner *Times* Sir Robert Christson, »der sich fast umgebracht hatte, weil er die Wirkung der kürzlich entdeckten Kalabarbohne am eigenen Leib testen wollte ... und er kam dem Tod so nahe, wie ihm ein Mensch nur kommen kann, doch entkam er seinen Klauen.«

TANGHIN-SCHELLENBAUM	Cerbera tanghin

Dieser aus Madagaskar stammende Verwandte des Selbstmordbaums *Cerbera odollam* ist in allen Teilen giftig, sogar der Rauch des brennenden Holzes kann toxisch wirken. Am geeignetsten für ein Gottesgericht ist das Gift der Nüsse.

TALI oder MISSANDA	Erythrophleum guineense oder E. judiciale

Entlang der Ufer des Kongos ist die gewölbte rotbraune Rinde dieses Baums zu finden. Ihre toxische Wirkung ist so stark, dass sie einen Herzstillstand verursachen kann. Farmer halten ihr Vieh fern, da die Rinde selbst einen Stier umbringen könnte. Man kennt diesen Baum auch unter den Namen »Ordal-« oder »Schicksalsrinde«.

STRYCHNINBAUM   Strychnos nux-vomica

Das Gift aus den Samen des Strychninbaums ist stark genug, um in Ordalen zum Einsatz zu kommen. Allen Gefangenen, denen man anbietet, mit *Nux-vomica* ihre Unschuld zu beweisen, sei geraten, ganz schnell für ein anderes Gift zu plädieren. Viel wahrscheinlicher, als dass man das Strychnin erbricht, sind Krämpfe und ein Erstickungstod.

UPASBAUM   Antiaris toxicaria

Dieser indonesische Baum produziert einen Milchsaft, der auch als Pfeilgift eingesetzt werden kann. Früher glaubte man (fälschlicherweise), dass der Baum auch betäubende Düfte verströme, und der Legende nach hat man einst Verurteilte getötet, indem man sie an den Upasbaum fesselte und wartete, bis sein Saft und seine Düfte den Schuldigen langsam dahinrafften.

COYOTILLO

KARWINSKIA HUMBOLDTIANA

FAMILIE: Rhamnaceae (Kreuzdorngewächse)
HABITAT: Trockene Wüsten
VERBREITUNG: Südwesten der USA, Nordmexiko
NAMEN: Palo negrito

D er Coyotillo ist ein unscheinbarer Strauch in der texanischen Prärie und wächst nur selten höher als zwei Meter. Die hellgrünen, zahnlosen Blätter und die blassgrünen Blüten lassen ihn völlig harmlos erscheinen. Doch die runden schwarzen Beeren, die der Strauch im Herbst produziert, vergisst keiner so schnell.

Coyotillo-Beeren enthalten eine chemische Verbindung, die Lähmungen verursacht – allerdings nicht sofort. Der Unglücksrabe mag es vielleicht tage- oder gar wochenlang nicht einmal ahnen, dass er vergiftet wurde. Doch dann setzen plötzlich die Lähmungserscheinungen ein – in einem Krimi wäre das der Moment, in dem der Glücklose gerade über einen dunklen Gebirgspass fährt oder versucht, die Alarmanlage eines Juweliergeschäfts zu überlisten. Welcher Schriftsteller könnte sich einen heimtückischeren Wirkstoff ausdenken?

Man hat schon von Tieren gehört, die unter dem Einfluss dieser harmlos aussehenden Beere die Kontrolle über ihre Hinterläufe verlieren, nach hinten torkeln und nicht mehr wissen, wie ihnen geschieht. Würde man ihnen eine entsprechende Dosis verabreichen, wäre eine Tetraplegie, eine Lähmung aller Gliedmaßen, die Folge. Vieh, das frei in Nähe des Strauchs grast, läuft Gefahr, plötzlich die Kontrolle über alle Gliedmaßen zu verlieren, und bald würde der Tod folgen.

Coyotillo breitet sich von den Füßen über die Unterbeine im Körper aus. Sobald die Gliedmaßen gelähmt sind, folgt die Lähmung des Atmungssystems, dann auch von Zunge und Rachen.

Die Pflanze blüht entlang der texanisch-mexikanischen Grenze. Ironischerweise ist *coyotillo* die Verkleinerungsform des spanischen *coyote*, des Namens für Leute, die illegalen Einwanderern aus Mexiko beim gefährlichen Grenzübertritt in die USA helfen. Einer Studie zufolge starben in Mexiko innerhalb von zwei Jahren 50 Menschen, nachdem sie die Beeren gegessen hatten.

Coyotillo wächst in den Canyons und trockenen Flussläufen im Süden von Texas, in New Mexico und Nordmexiko und kommt gut mit der quälenden Hitze und versengten Erde dort zurecht. Unter optimalen Bedingungen erreicht der Strauch eine Höhe von bis zu sechs Metern und ist damit so groß wie ein kleiner Baum.

FAMILIENBANDE: Coyotillo gehört zur Familie der Kreuzdorngewächse. Viele Sträucher dieser Familie sind Schmetterlingswirte, die meisten produzieren Beeren, doch keiner stellt eine ähnliche Bedrohung für Mensch und Tier dar.

EIBE

TAXUS BACCATA

FAMILIE: Taxaceae (Eibengewächse)
HABITAT: Wälder der gemäßigten Klimazonen
VERBREITUNG: Europa, Nordwestafrika, der Nahe Osten
                      und Teile Asiens
NAMEN: Gemeine Eibe, Europäische Eibe

Im Jahr 1240 beschrieb Bartholomaeus Anglicus die Eibe in seiner Enzyklopädie *Über die Ordnung der Dinge* als »einen Baum voller Gift und Niedertracht«. Da passt es vielleicht, dass dieser in der Tat hochgiftige Baum in England auch als *Friedhofsbaum* bekannt ist. Die Pflanze erhielt diesen Namen nicht, weil sie Menschen frühzeitig unter die Erde bringen kann, sondern weil römische Eroberer Gottesdienste im Schatten von Eiben abhielten, in der Hoffnung, dass dies der heidnischen Bevölkerung gefallen würde. Noch heute findet man Eiben in der Nähe englischer Landkirchen und Friedhöfe.

Der Anblick von Eiben auf Friedhöfen inspirierte Alfred Lord Tennyson zu den Zeilen: »Deine Triebe umranken den traumlosen Kopf / Deine Wurzeln sind um die Gebeine gewunden.« Und tatsächlich, als 1990 in dem englischen Dorf Selbourne eine alte Kircheneibe von einem Sturm gefällt wurde, fand man die Wurzeln der Eibe in die Gebeine eines vor langer Zeit Verstorbenen verschlungen.

Die Eibe ist ein langsam wachsender, immergrüner

Baum, der zwei- bis dreihundert Jahre alt werden kann. Allerdings ist es schwierig, das Alter ausgewachsener Bäume zu bestimmen, da das dichte Holz oft keine Jahresringe bildet. Ihre feinen, nadelähnlichen Blätter und roten Früchte machen die Eibe zu einem attraktiven Landschaftsbaum, der ohne Weiteres eine Höhe von 20 Metern erreichen kann. In England werden Eiben oft zu Zierhecken geschnitten, und der legendäre Irrgarten des *Hampton Court Palace* besteht heute fast gänzlich aus Eiben.

Alle Teile der Eibe sind giftig, mit Ausnahme ihrer roten Beerenfrucht (Aril genannt), doch auch diese enthält einen giftigen Samen. Der Aril selbst schmeckt leicht süßlich und lockt besonders Kinder an. Schon der Verzehr einiger weniger Samen oder einer Handvoll Blätter führt zu Magen-Darm-Problemen, einem gefährlichen Abfall der Pulsrate und möglicherweise sogar zu Herzversagen. In einem medizinischen Handbuch wurde bemerkt, dass »viele Opfer ihre Symptome nie beschreiben« konnten, weil sie erst tot aufgefunden wurden. Für Haustiere und Viehbestand stellen Eiben eine besonders große Gefahr dar. Ein veterinärmedizinischer Bericht kam zu dem Schluss: »Oft ist der erste Anhaltspunkt für eine Eibenvergiftung ein unerwarteter Tod.«

Caesar beschrieb in *De Bello Gallico* den Eibenselbstmord als Möglichkeit, sich der Schmach der Niederlage zu entziehen. Catuvolcus, der König eines Stammes aus dem heutigen Belgien, war »infolge seines Alters den Anstrengungen des Krieges und der Flucht nicht mehr gewachsen« und »vergiftete sich dann mit dem Saft der Eibe«. Plinius der Ältere schrieb, dass mit Wein gefüllte »Reisegefäße« aus Eibenholz Menschen vergiften konnten, die daraus tranken.

Doch bevor Sie nun sofort alle Ihre Eiben fällen: Im Jahr 1960 entdeckte ein Forschungsteam des Nationalen Krebsinstituts der USA, dass Eibenextrakte stark tumorhemmende Eigenschaften haben. Heute behandelt man mit dem Arzneistoff Paclitaxel oder Taxol Eierstock-, Brust- und Lungenkrebs, und auch bei anderen Krebsarten gibt es vielversprechende Ansätze. Firmen wie Limehurst Ltd. sammeln für die Pharmaindustrie Heckenreste aus englischen Gärten. Untersuchungen weisen darauf hin, dass Eiben das Heilmittel sogar in den Boden abgeben, was die Möglichkeit eröffnen würde, krebsbekämpfende Mittel ohne eine Beschädigung der Bäume zu gewinnen.

FAMILIENBANDE: Zu den Verwandten zählen die Japanische Eibe, *Taxus cuspidatat*, die Pazifische Eibe, *T. brevifolia*, und die Kanadische Eibe, *T. canadiensis*.

DAS KÖNNTE IHRE LETZTE ZIMMERPFLANZE SEIN

Einige der beliebtesten Zimmerpflanzen sind überraschend toxisch. Sie wurden allerdings auch nicht als Zwischenmahlzeit für Haustiere und Kleinkinder gekauft, sondern weil sie bei einem konstanten Raumklima von 15 bis 25 Grad Celsius gedeihen. Dies ist auch der Grund, warum es sich bei vielen Zimmerpflanzen um tropische Pflanzen handelt, die eigentlich in südamerikanischen oder afrikanischen Wäldern wachsen.

Der Christstern, eine der oft verschmähten Zimmerpflanzen, ist nicht annähernd so giftig, wie man aufgrund seines Rufs meinen könnte. Der Milchsaft dieses Mitglieds der Euphorbiaceae-Familie hat zwar eine leicht irritierende Wirkung auf die Haut, doch damit hat es sich auch schon. Während also die Presse um die Weihnachtszeit gerne vor dem Christstern warnt, entgehen viele andere Hauspflanzen trotz ihrer weitaus giftigeren Eigenschaften der öffentlichen Aufmerksamkeit.

FRIEDENSLILIE   Spathiphyllum spp.

Eine südamerikanische Pflanze, mit schlichten weißen Blumen, die den Calla-Lilien ähneln. In den USA riefen im

Jahr 2005 mehr Menschen wegen möglicher Vergiftungen mit der Friedenslilie in den Giftzentralen an als wegen jeder anderen Pflanze. (Das könnte allerdings mehr mit ihrer Popularität als mit ihrer Gefährlichkeit zu tun haben.) Die Pflanze enthält Kalziumoxalatkristalle, die Hautreizungen, Brennen im Mundbereich, Schluckbeschwerden und Übelkeit verursachen können.

GEMEINER EFEU — Hedera helix

Diese allgegenwärtige europäische Kletterpflanze überwuchert freiwachsend größere Bodenflächen, ist aber vor allem eine der beliebtesten Topfpflanzen. Ihre Beeren sind so bitter, dass Menschen sie kaum verzehren, doch wenn, dann können sie ernsthafte Magen-Darm-Beschwerden, Fieber und Atemprobleme verursachen. Der Saft der Blätter kann zudem schwere Hautreizungen und Blasen hervorrufen.

PHILODENDRON — Philodendron spp.

Eine efeuähnliche Pflanze von den Westindischen Inseln. Alle Teile der Pflanze enthalten Kalziumoxalate. Wer lediglich an den Blättern knabbert, kann mit einem leichten Brennen im Mund oder Schwindel davonkommen, ein Schlucken der Blätter kann hingegen zu schweren Magenschmerzen führen und bei Hautkontakt können sie allergische Reaktionen hervorrufen. Giftzentralen in den USA erhielten im Jahr 2006 mehr als 1600 Anrufe im Zusammenhang mit Philodendronvergiftungen.

DIEFFENBACHIA — Dieffenbachia spp.

Die Pflanze aus dem tropischen Südamerika ist dafür bekannt, kurzzeitig die Stimmbänder zu entzünden und Menschen im wahrsten Sinne des Wortes sprachlos zu machen. Von einigen Arten glaubt man, dass sie in Kombination mit anderen Pflanzen als Pfeilgifte verwendet wurden. Zu den häufigsten Vergiftungserscheinungen gehören Reizungen im Mund- und Rachenbereich, das Anschwellen von Zunge und Gesicht sowie Magenprobleme. Zusätzlich reizt der Milchsaft die Haut und kann, wenn er ins Auge gerät, Lichtempfindlichkeit und Schmerzen verursachen.

BIRKENFEIGE UND GUMMIBAUM — Ficus benjamina, F. elastica

Diese beiden Zimmerbäume sind nahe verwandte Arten aus der Maulbeerenfamilie. Das »Latex« dieser Pflanzen kann schwere allergische Reaktionen hervorrufen. Eine Fallgeschichte beschreibt eine Frau, die einen anaphylaktischen Schock und andere beunruhigende Symptome entwickelte, die unmittelbar, nachdem die Birkenfeige aus ihrer Wohnung entfernt wurde, verschwanden.

BLEISTIFTSTRAUCH ODER MILCHBUSCH — Euphorbia tirucalli

Diese afrikanische Pflanze trägt ihren Namen wegen ihrer langen, bleistiftdicken sukkulenten Äste. Der Bleistiftstrauch ist unter Raumgestaltern vor allem aufgrund seiner auffälligen architektonischen Form beliebt. Doch wie auch andere Euphorbien produziert er einen ätzenden Milchsaft, der schweren Ausschlag und Augenreizungen verursacht. Der Strauch muss regelmäßig geschnitten werden, um ihn wohnzimmertauglich zu halten, und nicht wenige Hobbygärtner sind überrascht, wie schmerzvoll eine einzige Beschneidung sein kann.

KORALLENSTRAUCH ODER JERUSALEMKIRSCHE
Solanum pseudocapsicum

Wird oftmals als Zierpfeffer verkauft, ist aber tatsächlich näher mit der Tollkirsche verwandt. Alle Pflanzenteile enthalten ein Alkaloid, das zu Schwächeanfällen, Schläfrigkeit, Schwindel, Erbrechen und Herzproblemen führen kann.

EISENHUT

ACONITUM NAPELLUS

FAMILIE:	Ranunculaceae (Hahnenfußgewächse)
HABITAT:	Fruchtbare feuchte Gartenerde, gemäßigtes Klima
VERBREITUNG:	Europa
NAMEN:	Mönchskappe, Sturmhut, Wolfswurz, Ziegentod

Im Jahr 1856 fand ein Festmahl im schottischen Dorf Dingwall ein schreckliches Ende. Ein Bediensteter war in den Garten geschickt worden, wo er statt Meerrettichwurzeln Eisenhut, auch als *Mönchskappe* bekannt, ausbuddelte. Selbst die Köchin erkannte die Gefahr nicht, raspelte die falsche Zutat in die Bratensoße und tötete so auf der Stelle zwei geladene Priester. Weitere Gäste wurden krank, überlebten jedoch.

Bis heute wird Eisenhut immer wieder mit essbaren Küchenkräutern verwechselt. Die kräftige, niedrig wachsende Staude gedeiht in Gärten und der freien Natur in ganz Europa und den USA. Die Ähren aus blauen Blüten verleihen der Pflanze ihren volkstümlichen Namen *Mönchshut*, da die oberen Kelchblätter die Form eines Helms oder Huts haben. Alle Teile der Pflanze sind extrem giftig. Gärtner sollten im Umgang mit ihr stets Handschuhe tragen, und Rucksacktouristen sollten sich nicht von ihren weißen, karottenförmigen Wurzeln in Versuchung führen lassen. Der kanadische Schauspieler Andre Noble starb 2004, nachdem er auf einer Wanderung mit ihr in Berührung gekommen war.

Das Gift, ein Alkaloid namens Aconitin, lähmt die Nerven, senkt den Blutdruck und führt schließlich zum Herzstillstand. Der Verzehr der Pflanze oder ihrer Wurzeln kann schweres Erbrechen, bis hin zum Tod durch Ersticken, hervorrufen. Selbst flüchtiger Hautkontakt verursacht Taubheitsgefühle, Kribbeln und Herzrhythmusstörungen. Aconitin ist so wirkungsvoll, dass deutsche Wissenschaftler im Dritten Reich es als Ingrediens verwendeten, um Gewehrkugeln in Gift zu tränken.

In der griechischen Mythologie spuckte der dreiköpfige Höllenhund Zerberus tödlichen Eisenhut, als ihn Herkules aus dem Hades zerrte. Der Legende nach verdankt die Pflanze einen ihrer vielen Namen, *Wolfswurz*, der Tatsache, dass sie in der griechischen Antike Jägern als Köder und Pfeilgift bei der Wolfsjagd diente. Seinem Ruf als mittelalterlicher Hexentrank hat der Eisenhut einen prominenten Auftritt in den Harry-Potter-Romanen zu verdanken, wo Professor Snape ihn zu einem Gebräu verarbeitet, das Remus Lupin die Verwandlung in einen für seine Mitmenschen harmlosen Werwolf ermöglicht.

FAMILIENBANDE: Mit dem Eisenhut verwandt sind das hübsche blaue oder weiße *Aconitum cammarum*, das dem Rittersporn ähnelnde *A. carmichaelii* und das gelbe *A. lycoctonum*, landläufig als Wolfseisenhut bekannt.

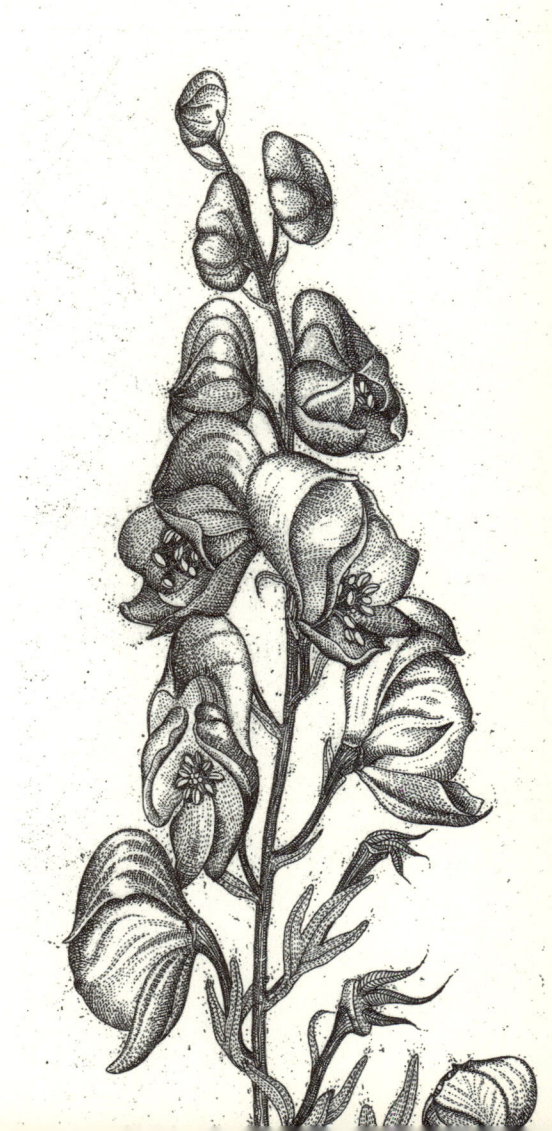

FLÖTENAKAZIE

ACACIA DREPANOLOBIUM

FAMILIE: Fabaceae oder Leguminosae (Hülsenfrücht-
                ler)
HABITAT: Trockene Tropen und Savannen
VERBREITUNG: Afrika
NAMEN: Ameisen-Akazie

Unter den Hunderten von Akazienarten ist sie eine der fiesesten. Der ostafrikanische Baum trägt nicht nur schmerzhafte, acht Zentimeter lange Dornen, um Fress-feinde von seinen spitzen Blättern fernzuhalten, sondern beherbergt zudem eine Bande aggressiver, bissiger Amei-sen.

Vier verschiedene Ameisenarten bewohnen diese Bäu-me. Allerdings könnten sie nie ein und denselben Baum besetzen, ohne sich gegenseitig zu bekriegen. Sie leben in den Hohlräumen der Akaziendornen, die sie erobern, in-dem sie Löcher in die Dornen beißen. Diese kleinen Lö-cher sind für die seltsamen Flötenlaute verantwortlich, die der Baum im Wind erklingen lässt.

Die Ameisen sind nicht nur grausam, sie sind auch or-ganisiert. Kleine Milizen patrouillieren auf den Zweigen und halten nach Feinden Ausschau. Sie schwärmen über Giraffen oder andere grasende Tiere, um sie an der Zer-störung ihres Heims zu hindern. Manche Arten stutzen den Baum selektiv zurecht und erlauben ihm nur in der

Nähe ihrer Kolonie ein ungehemmtes Wachstum, damit sie schnell zum Nektar des Baums gelangen. Und auch Kletterpflanzen und andere invasive Gewächse zernagen die Ameisen bis auf Baumstumpfgröße, wenn Gefahr droht. Sollte ein Baum, der von einer rivalisierenden Kolonie besetzt wird, seine Äste zu nah in die eigene Richtung strecken, dezimieren die Ameisen vorsorglich die Hälfte ihres Heims – Hauptsache, die Zweige berühren sich nicht und schlagen so eine Brücke ins feindliche Gebiet.

Wenn es aber zum Kampf kommt, dann auf Leben und Tod. Als Forscher einmal die Äste benachbarter Bäume zusammenbanden, um einen Konflikt zu provozieren, fanden sie am nächsten Morgen die Ameisenleichen zentimeterhoch gestapelt am Boden liegen.

FAMILIENBANDE: Einige Arten, darunter *Acacia verticillata*, sondern eine Chemikalie ab, die bei Ameisen Nekrophorese oder »Bestattungsimpulse« auslösen. Die kleinen Zombies tragen die Akaziensamen umher, als würden sie die eigene Verwandtschaft abtransportieren. So helfen sie, die Samen zu verbreiten und eine neue Akaziengeneration zu begründen. Einige Arten haben auch Dornen. Die Katzenklauen-Akazie *A. greggii* wird im Englischen als *Wait-a-Minute*-Busch bezeichnet, weil ihre Dornen sich in Wanderer hineinbohren und sie so am Weitergehen hindern.

TÖDLICHES NACHTMAHL

Was haben Mais, Kartoffeln, Bohnen und Cashewnüsse gemeinsam? Sie alle können unter Umständen giftig sein. Einige der weltweit wichtigsten Futterpflanzen enthalten toxische Bestandteile, die es nötig machen, die Pflanzen zu garen oder nur zusammen mit anderen Nahrungsmitteln zu sich zu nehmen. Einige, wie die Platterbse, haben sich einen Namen gemacht, weil sie eine Hungersnot in eine noch tragischere Katastrophe verwandelt haben.

SAAT-PLATTERBSE   Lathyrus sativus

Auch als Wicke bekannt, war diese Erbse im Mittelmeerraum, aber auch in Afrika, Indien und weiteren asiatischen Ländern, über Jahrhunderte ein Grundnahrungsmittel. Wie die meisten Hülsenfrüchte ist sie eine ausgezeichnete Eiweißquelle, hat allerdings einen großen Nachteil: Sie enthält das Neurotoxin Beta-Oxalyl-Diaminopropionsäure oder Beta-ODAP. Das erste Symptom einer Beta-ODAP-Vergiftung, auch Lathyrismus genannt, sind Krämpfe in den Beinen. Schließlich tötet das Toxin Nervenzellen und die Opfer werden von der Taille abwärts gelähmt. Ohne Behandlung würden sie sterben.

Doch warum landen diese Erbsen bis heute in Mehlen, Grützen und Eintöpfen? Wenn man sie lange genug in

Wasser einweicht oder sie in Broten oder Pfannkuchen gären lässt, stellen sie nur noch ein geringes Risiko dar. Zudem gehören Platterbsen zu den wenigen Futterpflanzen, die trotz anhaltender Dürreperioden gedeihen. In solchen Zeiten bleibt den Menschen nicht viel zu essen – allerdings auch nicht genügend Wasser, um die Erbsen darin einzuweichen.

Schon Hippokrates warnte, dass Menschen, die »dauerhaft Erbsen essen, in den Beinen impotent« würden. Heute besteht die große Tragödie in Hungergebieten wie Äthiopien oder Afghanistan darin, dass die eiweißhaltigen Erbsen üblicherweise den Männern vorbehalten werden, damit sie bei Kräften bleiben und so ihre Familien ernähren können. Doch tatsächlich hat dieses Privileg gerade den gegenteiligen Effekt, dass viele der erkrankten Versorger nur noch auf den Knien kriechen können. (Und, wie es in einer Reportage hieß: »Rollstühle stellen keine Alternative für Lathyrismusopfer dar, weil sie meist in Hütten mit Erdböden leben.«) Selbst wenn die Dürreperioden enden und die Männer aufhören würden, die Erbsen zu essen, blieben sie wahrscheinlich bis an ihr Lebensende behindert.

Francisco Goya zeichnete die Verwüstungen des Lathyrismus in seiner Radierung *Gracias al la Almorta*, zu deutsch »Dank der Platterbse«. Er hielt darin den verheerenden Ausbruch der Erkrankung fest, als sich viele Spanier während der Befreiungskriege gegen Napoleons Armee von Platterbsen ernährten.

Die Platterbse ähnelt der Duftenden Platterbse. Diese ist eine Kletterpflanze mit feinen Ranken und blauen, rosa, lila oder weißen Blüten. Sie wird oft als Futterpflanze für Rinder angebaut und landet in vielen Ländern bis heute auf dem Küchentisch.

MAIS   Zea mays

Die Ureinwohner Amerikas wussten, wie man dieses regionale Getreide richtig zubereitet. Traditionelle Rezepte bestanden auf die Beigabe von Löschkalk oder Kalzium-hydroxid, einem natürlich vorkommenden Mineral. Das Grundrezept für Tortillas enthält bis heute Kalk, und ohne Kalk kann der Körper das Niacin im Korn nicht absor-bieren. Dies wird dann zum Problem, wenn man Mais ohne Beilagen oder beinahe ausschließlich isst. Die ersten Siedler, die das Risiko nicht kannten, ernährten sich oft dementsprechend, und dann war ein schwerer Niacin-mangel die Folge, eine als *Pellagra* bezeichnete Mangel-erscheinung.

Schon 1735, als Mais aus der Neuen Welt eingeführt wurde, zeigten verarmte Bevölkerungsschichten in Spa-nien und anderen europäischen Ländern Anzeichen der Pellagra. Die Symptome erlangten als die drei Ds traurige Berühmtheit: Dermatitis, Demenz, Diarrhö – im Extrem-fall folgt der Tod. In einer medizinischen Fachzeitschrift vermuteten Forscher, dass die grausigen Symptome der Pellagra Bram Stoker zu den Vampirmythen seines *Dracula* inspiriert haben könnten: blasse Haut, die in der Sonne Blasen wirft, von Demenz verursachte, schlaflose Nächte, die Unfähigkeit, aufgrund von Verdauungsstörungen nor-males Essen zu sich zu nehmen, und das morbide Aus-sehen eines Untoten.

Während der ersten Hälfte des 20. Jahrhunderts er-krankten drei Millionen Amerikaner an Pellagra, 100 000 von ihnen starben. Die Krankheit konnte bis in die 1930er-Jahre nicht vollständig erforscht werden. Heute gilt Mais als absolut sicherer und gesunder Bestandteil der

Ernährung, solange er mit anderen Lebensmitteln kombiniert wird.

Rhabarber   Rheum x hybridum

Die Blätter dieser asiatischen Pflanze enthalten einen hohen Anteil an Oxalsäure, die Schwächeattacken, Atembeschwerden, Magen-Darm-Probleme und in seltenen Fällen auch Koma und Tod verursachen kann. Im Jahr 1917 berichtete die Londoner *Times* über einen Minister, der nach dem Verzehr von Rhabarberblättern verstarb. Die glücklose Köchin gab zu, dass sie sich an ein Rezept gehalten hatte, das dem Zeitungsartikel »Kriegsrezepte der Nationalen Kochschulen« entstammte. Natürlich herrschte damals Krieg, und das Essen war knapp, doch Rezepte wie diese mussten die Gefahr für Soldaten und Zivilisten noch einmal erheblich erhöht haben.

HOLUNDERBEERE   Sambucus spp.

Diese in Marmeladen, Kuchen und Pasteten populäre Frucht ist um ein Vielfaches gefährlicher, wenn man sie roh verzehrt. 1983 mussten mehrere Menschen, die an einer Klausurtagung in Kalifornien teilgenommen hatten, von Hubschraubern ins Krankenhaus geflogen werden, weil sie frischen Holundersaft getrunken hatten. Die meisten Teile der Pflanze, so auch die ungekochten Beeren, können variierende Mengen Zyanid enthalten. Im Normalfall erholt man sich jedoch von der zu erwartenden schweren Übelkeit.

CASHEW   Anacardium occidentale

Es gibt einen Grund, warum Lebensmittelläden keine rohen Cashewnüsse verkaufen: Sie gehören zur selben botanischen Familie wie Giftefeu, Gifteiche und Giftsumach. Der Cashewbaum produziert dasselbe hautreizende Öl Urushiol. Die Nuss selbst könnte man ohne Bedenken essen, kommt sie jedoch während der Ernte mit den Schalen in Kontakt, wird derjenige, der sie verspeist, einen üblen Hautausschlag davontragen. Deshalb werden alle Cashewnüsse über Wasserdampf gereinigt und damit zumindest teilgekocht, auch wenn sie roh zu sein scheinen. 1982 verkaufte ein Jugend-Baseballteam in Pennsylvania Tüten mit Cashewnüssen aus Mosambik. Die Hälfte der Menschen, die von den Nüssen aßen, bekamen Ausschlag an den Armen, in der Leistengegend, den Achselhöhlen oder am Gesäß, weil einige der Tüten Cashewschalen enthielten, was ungefähr auf dasselbe hinausläuft, als hätte man Giftefeu in die Packungen gemischt.

ROTE KIDNEYBOHNE   Phaseolus vulgaris

Absolut sicher und gesund, wenn man sie nicht roh oder zu kurz gekocht verzehrt. Der schädliche Bestandteil der Kidneybohne heißt Phytohämagglutinin und verursacht schwere Übelkeit, Erbrechen und Durchfall. Die Opfer erholen sich normalerweise rasch, doch bereits der Verzehr von nur vier oder fünf rohen Bohnen führt zu diesen Symptomen. Das unzureichende Kochen auf niedriger Flamme ist eine häufige Ursache für eine Vergiftung mit Kidneybohnen.

KARTOFFEL — Solanum tuberosum

Dieses Mitglied der gefürchteten Nachtschattengewächse enthält das Gift Solanin, das zu Sodbrennen und Magen-Darm-Beschwerden, in seltenen Fällen sogar zu Bewusstlosigkeit und Tod führen kann. Das Kochen der Kartoffel tötet den Großteil des in ihr enthaltenen Solanins ab, doch wenn sich eine Knolle nach langer Einwirkung von Sonnenlicht grün färbt, kann dies ein Zeichen für einen erhöhten Solaninwert sein.

AKEE — Blighia sapida

Die Akeefrucht spielt in der jamaikanischen Küche eine wichtige Rolle. Nur das Aril (das Fruchtfleisch, das die Samen umhüllt) kann bedenkenlos gegessen werden. Außerdem muss die Frucht zur rechten Zeit geerntet werden, da sie andernfalls toxisch sein könnte. Eine Akeevergiftung, auch als *Jamaikanische Brechsucht* bekannt, kann unbehandelt tödlich verlaufen.

MANIOK — Manihot esculenta

Eine in Lateinamerika, Asien und Teilen Afrikas wichtige Futterpflanze, deren Wurzeln ähnlich wie Kartoffeln gekocht werden. Aus dem stärkehaltigen Mehl der Maniokwurzel stellt man Tapioka-Pudding oder Brot her. Es gibt nur ein Problem: Maniok enthält die Substanz Linamarin, die im Körper Blausäure freisetzt. Die Blausäure kann durch eine behutsame Zubereitung, wie etwa Einweichen, Trocknen oder Backen der Wurzel, entfernt werden. Doch dieser Prozess bleibt fehleranfällig und kann Tage beanspruchen. Während Dürreperioden kann es vorkommen, dass die Maniokwurzel größere Giftmengen entwickelt, während die Bewohner in den hungergeplagten Regionen gleichzeitig größere Mengen der Wurzel essen und bei der Zubereitung weniger Sorgfalt walten lassen.

Eine Maniokvergiftung kann tödlich enden. Schon bei geringen Dosen kann sie zu einer chronischen Erkrankung führen, die in Afrika als *Konzo* bekannt ist. Zu den Symptomen gehören Schwäche, Zittern, Gleichgewichtsstörungen, Sichtprobleme und Teillähmungen.

GEFLECKTER SCHIERLING

CONIUM MACULATUM

FAMILIE: Apiaceae (Doldengewächse)
HABITAT: Felder und Weiden der Nordhalbkugel;
                  bevorzugt feuchte Erde und Küstenregio-
                  nen
VERBREITUNG: Europa
NAMEN: Bangenkraut, Blutschierling, Schwindel-
                  kraut, Tollkerbe, Vogeltod, Würgling

An einem Tag im Jahr 1845 aß der schottische Schnei-
der Duncan Gow ein Sandwich mit Grünzeug, das
seine Kinder für ihn gesammelt hatten. Binnen weniger
Stunden war er tot. Die Kinder hatten den fatalen Fehler
begangen, die filigranen Blätter der Petersilie mit denen
des Schierlings zu verwechseln. Das war die letzte (und
wohl auch die einzige) Botaniklektion, die sie je von ihrem
Vater erhalten haben, und eine, die sie nie vergessen haben dürften.

Der Tod durch Schierling ist, den äußeren Umständen
nach zu urteilen, ein leichter. Gow stolperte wie betrunken umher, seine Gliedmaßen wurden langsam taub und
schließlich stoppte das Gift Herz und Lunge. Der Arzt, der
den Todeskampf hilflos mit ansehen musste, berichtete,
dass »der Verstand bis kurz vor dem Tod völlig klar« war.

Das berühmteste Opfer des Schierling war der griechische Philosoph Sokrates, der 399 v. Chr. unter anderem

wegen Verführung der Jugend angeklagt und zum Tode verurteilt wurde. Sein Schüler Platon war Zeuge seines Todes. Zur Urteilsvollstreckung brachte ein Wächter Sokrates ein Getränk aus Schierling, das er ruhig trank. Der Todgeweihte lief in seiner Zelle umher, bis sich seine Beine schwer anfühlten. Dann legte er sich auf den Rücken. Der Wächter kniff in seine Füße und Beine und fragte Sokrates, ob er etwas spüre. Dieser verneinte. »Darauf berührte ihn eben dieser«, schrieb Platon, »und sagte, wenn ihm das bis ans Herz käme, dann würde er hin sein.« Kurze Zeit später wurde Sokrates still und dann war er tot.

Nicht immer galt der Schierlingstod als so sanft. Der griechische Armeearzt Nikander (197–130 v. Chr.) schrieb das Lehrgedicht *Alexipharmaka*, in dem es heißt: »Hütet euch vor dem verderblichen Schluck aus dem Schierlingsbecher, denn dieser Trank sorgt im Kopfe für Chaos und bringt die Dunkelheit der Nacht: Die Augen rollen, die Männer streifen durch die Straßen mit torkelnden Schritten und kriechen auf Händen, ein fürchterliches Würgen blockiert den oberen Rachen und die enge Passage der Luftröhre, die Extremitäten werden kalt, und in den Gliedmaßen ziehen sich die Arterien zusammen, für eine kurze Weile holt das Opfer Luft wie ein Ohnmächtiger, und dann erblickt sein Geist den Hades.«

Gelehrte mutmaßten, dass Nikander eine andere Pflanze beschrieben haben muss, vielleicht Eisenhut oder Wasserschierling. Den endgültigen Nachweis darüber führte der britische Arzt John Harley, der geringe Mengen Schierling zu sich nahm und seine Ergebnisse 1869 veröffentlichte.

»Es folgte eine deutliche Beeinträchtigung der motorischen Kraft«, schrieb er, »ich merkte gleichsam, wie mir

›das Gehen‹ entzogen wurde.« Er fuhr fort: »Die Beine fühlten sich an, als wären sie bald schon zu schwach, um mich zu tragen ... Der Geist blieb völlig klar und ruhig, und das Gehirn war über die gesamte Zeit aktiv, doch der Körper erschien mir schwer und geradezu schlafend.«

Der Gefleckte Schierling, eine Pflanze aus der Familie der Doldenblütler, ist so giftig, dass er in Schottland als »Der Toten Hafergrütze« bekannt ist. Die jungen Pflanzen treiben im Frühling. Ihre fein geschnittenen Blätter und spitzen Pfahlwurzeln sehen jenen von Petersilie und Karotten zum Verwechseln ähnlich. Sie können innerhalb einer Wachstumsperiode eine Höhe von bis zu 2,5 Metern erreichen und bilden zarte Blüten, die jenen der Wilden Möhre ähneln. Die Stiele sind hohl und mit lila Klecksen besprenkelt, die manchmal als »Blut des Sokrates« bezeichnet werden. Wenn Sie sich bei der Bestimmung nicht sicher sind, zerstoßen Sie die Blätter und riechen daran. Der Geruch ist so übel, dass er die meisten Tiere fernhält, und wurde schon als Geruch von »Pastinaken oder Mäusen« beschrieben.

FAMILIENBANDE: Gefleckter Schierling ist das schwarze Schaf einer Familie, der auch Dill, Sellerie, Fenchel, Petersilie und Anis (der in großen Mengen ebenfalls giftig ist) angehören.

FUNGI FATALE

Im Jahr 2001 rollte eine Gruppe von Medizinforschern einen antiken Mordfall neu auf. Claudius, von 41 bis 54 n. Chr. Kaiser von Rom, starb nach monatelangen bitteren Streitigkeiten mit seiner vierten Frau Agrippina unter mysteriösen Umständen. Eine moderne Auswertung seiner Symptome deutet auf Vergiftung durch Muskarin hin, ein Toxin, das sich in mehreren tödlichen Giftpilzen findet. Doch wer servierte ihm sein letztes Mahl? Einer der Experten vermutete, dass »Claudius de una uxore nimia, also wegen einer Frau zu viel« starb.

Ein anderer berüchtigter Fall von Pilzvergiftung trug sich im Paris des Jahres 1918 zu. Henri Girard war Versicherungsmakler mit chemischer Ausbildung. Damit erfüllte er, wie sich herausstellte, alle Voraussetzungen für einen Serienmörder: Er stellte seinen Opfern Versicherungspolicen aus und tötete sie anschließend mit Giften, die er von Arzneimittelgroßhändlern erwarb oder im eigenen Labor zusammenmischte. Das Gift seiner Wahl war eigentlich ein Stamm von Typhusbakterien, doch für sein letztes Opfer, Madame Monin, bereitete er ein Gericht aus giftigen Pilzen. Sie verließ sein Haus und brach auf dem Gehweg zusammen. Letztendlich konnten die Behörden Girard zwar fassen, doch er starb, bevor sein Prozess begann.

Obwohl Pilze eigentlich gar keine Pflanzen sind – sie sind schließlich Fungi –, gebührt ihnen aufgrund der Vielzahl an Todesfällen, die sie verursachen, ein Eintrag in diesem Buch. Im Jahr 1909 berichtete der London Globe, *dass in Europa jährlich nicht weniger als 10 000 Menschen an einer Pilzvergiftung sterben. Zu den heutigen Todesfällen nach einer Pilzvergiftung gibt es weltweit nur wenige verlässliche Zahlen, doch in den USA bekommen Giftzentralen jährlich mehr als*

7000 Anrufe, die mit Pilzvergiftungen in Zusammenhang stehen. Für das Jahr 2005 meldeten sie sechs Todesfälle. Nach sporadischen Massenvermehrungen können noch wesentlich mehr Menschen ums Leben kommen. Zum Beispiel starben 1996 mehr als 100 Menschen in der Ukraine durch Pilze aufgrund ungewöhnlich opulenter Bestände in den Wäldern.

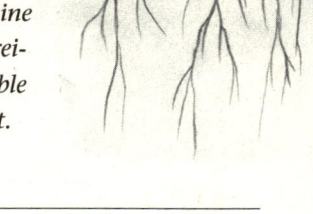

Einige Arten enthalten mehr Toxine als andere, doch die gefährlichsten greifen Leber und Nieren an, was irreversible Schäden oder den Tod nach sich zieht.

GRÜNER KNOLLENBLÄTTERPILZ   Amanita phalloides

Dieser blasse mittelgroße Pilz, in ganz Nordamerika und Europa verbreitet, ist für rund 90 % aller tödlich verlaufenden Pilzvergiftungen weltweit verantwortlich. Er sieht dem essbaren, in Asien sehr beliebten Strohpilz (und dem Champignon in Europa) zum Verwechseln ähnlich, doch schon eine halbe Kappe des Knollenblätterpilzes reicht, um einen Erwachsenen zu töten. Der Pilz verursacht dauerhafte Schäden an Nieren und Leber, einige Opfer überleben nur durch eine Lebertransplantation.

Ein naher Verwandter ist der Frühlingsknollenblätterpilz (*Amanita verna* oder *A. virosa*), der als der giftigste seiner Art gilt. Die Symptome können mit einigen Stunden Verspätung einsetzen, was eine verzögerte Behandlung – mit tragischen Konsequenzen – zur Folge haben kann.

HAARSCHLEIERLING   Cortinarius spp.

Diese kleinen braunen Pilze ähneln den Shiitake und anderen essbaren Pilzen, sind aber hochgiftig. Die Symptome können unter Umständen erst nach Tagen eintreten, was Ärzten die Diagnose und Behandlung erschwert. Schleierlinge können Krämpfe, schwere Schmerzen und Nierenversagen verursachen.

GIFT- ODER FRÜHJAHRSLORCHEL   Gyromitra esculenta

Dieser in ganz Nordamerika beheimatete Pilz ähnelt den köstlichen, heiß begehrten und essbaren Morcheln. Wie bei den meisten Pilzvergiftungen, gehören Übelkeit, Schwindel und schließlich Koma zu den Symptomen. Der Tod wird oft durch Nieren- oder Leberschäden verursacht.

FLIEGENPILZ   Amanita muscaria

Mit seiner rotorangefarbenen Kappe und den weißen Punkten zählt er zu den bekanntesten Pilzen der Welt und wird oft für Illustrationen von Märchen verwendet. Auch die Huhka-rauchende Raupe, die in *Alices Abenteuer im Wunderland* auf einem Pilz saß, saß wahrscheinlich auf einem Fliegenpilz.

Tatsächlich unterscheiden sich die Halluzinationen, die die ersten Anzeichen für eine Fliegenpilzvergiftung sind, nicht allzu sehr von jenen Symptomen, die Alice erlebte, als sie an dem Pilz knabberte. Auf Schwindel, Delirium und Rauschzustände folgen manchmal ein sehr tiefer Schlaf oder Koma.

MAGIC MUSHROOM   Psilocybe spp.

Psilocybin und Psilocin sind halluzinogene Verbindungen, die man in unterschiedlichen Pilzsorten findet, vor allem aber in jenen der Gattung Psilocybe. Die US-Drogenbehörde stuft die beiden Verbindungen in die höchste Risikogruppe der Schedule-I-Drogen ein (per Definition ohne medizinischen Nutzen), verzichtet in ihrer Liste jedoch auf die Erwähnung bestimmter Pilzsorten.

Psilocybe-Pilze werden gegessen oder zu Tee verarbeitet. Außer den (erwünschten) Halluzinationen können Übelkeit und Erbrechen, Schwächezustände und Schläfrigkeit auftreten. Hohe Dosen können zu Panikattacken und Psychosen führen. Die Pilze wachsen im Süden und Westen der USA und ihre Bestände erstrecken sich von Mexiko bis Kanada. Einige Arten findet man auch in Europa. Man verwechselt Psilocybe-Pilze leicht mit hochgiftigen Doppelgängern, und es sind schon Menschen gestorben, weil sie die falsche Sorte gegessen hatten.

FALTENTINTLING   Coprinus atramentarius

Der kleine weiße Pilz mit glockenförmiger Kappe ist dafür bekannt, dass er im reifen Alter pechschwarz wird. Sein Gift ist besonders heimtückisch: Es wirkt nur in Kombination mit Alkohol. Die Opfer können von Schweißausbrüchen, Übelkeit, Schwindel und mehrstündigen Atembeschwerden berichten. Nach einer Vergiftung sollte man mindestens eine Woche keinen Alkohol trinken. Es gibt aber auch Menschen, auf die der Pilz keinerlei gesundheitsschädliche Effekte hat, was jegliches Experimentieren mit ihm nicht weniger riskant und unvorhersehbar macht.

GEWÖHNLICHER BLUTWEIDERICH

LYTHRUM SALICARIA

FAMILIE: Lythraceae (Weiderichgewächse)
HABITAT: Wiesen und Feuchtgebiete in der gemäßig-
                  ten Klimazone
VERBREITUNG: Europa
NAMEN: Zigeunerblut

Charles Darwin war in den Blutweiderich verliebt. Im Jahr 1862 schrieb er seinem Freund Asa Gray, einem bekannten amerikanischen Botaniker, mit der Bitte um mehrere Exemplare. »Um Himmels willen«, schrieb er, »durchforsten Sie Ihre Gattungen, und wenn Sie mir Samen beschaffen könnten, dann tun Sie dies ... Samen! Samen! Samen! Mit den Samen von *Mitchella* sollte ich zufrieden sein. Aber ach, *Lythrum*!« Er endete den Brief mit »Ihr völlig verrückter Freund, C. Darwin«.

Darwin war nicht der Einzige, der verrückt nach Blutweiderich war. Europäische Siedler brachten die Wiesenpflanze nach Amerika, wo sie schnell heimisch wurde. Gärtner und Naturforscher hatten eine große Schwäche für die hoch wachsende und kräftige Wildblume und ihre herrlichen Ähren purpurner Blüten. Fast das ganze 20. Jahrhundert hindurch empfahlen Gärtner sie enthusiastisch für die schwierigen Stellen im Garten, wie schattige Flächen und Beete mit minderwertiger Erde oder schlechter Entwässerung. Erst 1982 erkannten Gartenbuchautoren ihre unkrautartigen Eigenschaften, beschrieben sie aber weiterhin als »gut aussehende Lausbuben«, wie um zu entschuldigen, dass *Jungs nun einmal spielen müssen*, und man sie gerade aufgrund ihrer aggressiven Natur zu lieben habe.

Sie haben sich gewaltig geirrt! Der Gewöhnliche Blutweiderich zählt sicher zu den schlimmsten Eroberern, die die amerikanische Natur je gesehen hat. Er hat sich seinen Weg durch 47 Bundesstaaten und den Großteil Kanadas gebahnt, und auch Neuseeland, Australien und Asien hat er nicht verschont. Die Pflanze wächst gut und gerne drei Meter hoch und erreicht einen Durchmesser von knapp zwei Metern. Aus einer einzigen mehrjährigen Pfahlwurzel wachsen bis zu 50 Stiele. Und als ob der Wurzelstock nicht schon kräftig genug wäre, kann ein einziges Exemplar allein in einer Wachstumsperiode 2,5 Millionen Samen produzieren. Diese Samen können 20 Jahre überleben, bevor sie aus dem Boden sprießen.

Der Gewöhnliche Blutweiderich verstopft Feuchtgebiete und Wasserwege, erstickt die restliche Pflanzenwelt und zerstört Futterquellen ebenso wie die Lebensräume wild lebender Tiere. Geschätzte 6,5 Millionen Hektar wurden allein in den USA befallen, und Tilgungsmaßnahmen kosten jährlich 45 Millionen Dollar. Die Pflanze wurde landesweit als schädliches Unkraut eingestuft, und in vielen Bundesstaaten ist es illegal, Blutweiderich zu transportieren oder zu verkaufen. Obwohl andere Arten als nicht invasive oder sterile Alternativen zum gefürchteten Blutweiderich verkauft werden, empfehlen Experten, all jene Gewächse zu meiden, die *Lythrum* im Namen tragen.

Der Blutweiderich stammt ursprünglich aus Europa, verursacht dort aber nicht denselben Schaden. Diese Tatsache könnte ein Schlüssel zu seiner Bekämpfung in den USA sein. Chemische Spritzen, maschinell betriebener Anbau und andere Kontrollversuche waren nicht sonderlich erfolgreich. Doch dann begannen Forscher, dieselben Insekten einzuführen, die sich in Europa von der Pflanze ernähren. Gegenwärtig setzt man erfolgreich verschiedene Arten von Rüssel- und Blattkäfern ein. Einheimische Pflanzen scheinen die Käfer bislang zu verschonen, doch die Einfuhr einer exotischen Art zur Bekämpfung einer anderen ist immer äußerst riskant.

FAMILIENBANDE: Kreppmyrten und Köcherblümchen, eine Gattung von Sträuchern und alle der Fuchsia ähnliche Blumen.

HABANERO-CHILI

CAPSICUM CHINENSE

FAMILIE: Solanaceae (Nachtschattengewächse)
HABITAT: Tropische Klimazonen; benötigt Hitze und
                regelmäßige Wässerung
VERBREITUNG: Mittel- und Südamerika
NAMEN: Habanero

Stellen Sie sich vor: Eine Pfefferschote, die so scharf ist, dass schon ein einziges Exemplar Sie ins Krankenhaus befördert. Zunächst tränen Ihre Augen und Ihr Rachen brennt, dann beginnen die Schluckbeschwerden. Hände und Gesicht werden taub. Wer besonderes Pech hat, muss zusätzlich gegen Atemnot ankämpfen – und alles nur wegen einer feurigen Habanero-Schote.

In den Anfangsjahren des 20. Jahrhunderts entwickelte der Chemiker Wilbur Scoville einen Test, der die Schärfegrade von Chilischoten misst. Ein Extrakt der Schote wird hierfür in Wasser aufgelöst und von einer Versuchsgruppe, die nicht regelmäßig scharfe Chilis isst und deshalb sensibler auf den Geschmack reagiert, getestet. Die Scoville-Rate bemisst sich als das Verhältnis von Wasser zu Chili, das nötig ist, um die feurige Würze vollkommen zu neutralisieren. Eine normale Paprika, die keinerlei Schärfe enthält, würde mit einer Stärke von 0 SHU oder Scoville Heat Units bewertet. Eine Jalapeño – sie gilt im Allgemeinen als die Schote, die ein Normalsterblicher gerade noch ohne Schäden kauen und schlucken kann – erhält einen Wert von 5000 SHU.

Wenn man also schon 5000 Einheiten Wasser benötigt, um die Schärfe von einer Einheit Jalapeño aufzulösen, wie viel Wasser ist dann erst nötig, um die Habanero zu neutralisieren? Nun, der Wert liegt irgendwo zwischen 100 000 und 1 000 000 Einheiten Wasser, je nach Chilisorte und Anbaubedingungen.

Eine Handvoll Schoten kämpfen um den Titel »weltschärfste Chili«, und sie alle sind Unterarten des *Capsicum chinense*. Die kleine orangefarbene Scotch Bonnet verleiht jamaikanischen Gerichten ihren unverwechselbaren Geschmack. Eine andere Unterart, die Red Savina, wurde 1994 mit 500 000 SHU als schärfste Chili der Welt ins *Guinness-Buch der Rekorde* aufgenommen. Doch die wirklich schärfste Schote der Welt könnte aus dem englischen Dorset stammen, einer Gegend, die nicht gerade für ihre feurige Küche bekannt ist.

Ein englischer Gemüsebauer entwickelte aus den Samen eines bangladeschischen Chili den Dorset Naga. Er selektierte die besten Samen und pflanzte sie aus, und nach wenigen Generationen hatte er eine Chilischote geschaffen, die so scharf ist, dass sie als Gewürzmittel kaum eingesetzt werden kann. Im besten Fall kann man die Schote am Stiel anfassen und gegen das Essen reiben, alles andere hieße, das Schicksal herauszufordern. Zwei amerikanische Labors testeten die Chilischoten nach einer neuen Methode, der Hochleistungsflüssigkeitschromatografie. Die Schärfegrade erreichten Werte von knapp einer Million SHU. Zum Vergleich: Die Polizei verwendet Pfeffersprays mit Stärken zwischen zwei und fünf Millionen SHU.

Seltsamerweise brennt Capsaicin, der Wirkstoff in

scharfen Paprika, selbst eigentlich gar nicht. Es stimuliert vielmehr die Nervenenden, die daraufhin Signale an das Gehirn aussenden und eine Brennempfindung nachahmen. Capsaicin löst sich nicht in Wasser auf, weshalb der verzweifelte Griff zum Glas so gut wie wirkungslos verpufft. Allerdings binden fetthaltige Nahrungsmittel wie Butter, Milch oder Käse die Schärfe. Auch ein starkes Getränk kann nicht schaden, da Alkohol als Lösungsmittel agiert.

Doch nichts könnte einen gegen die Kraft von *Blair's 16 Million Reserve* schützen, einer sogenannten pharmazeutischen Pfeffersauce, die aus reinen Capsaicin-Extrakten hergestellt wird. Eine winzige Flasche mit einem Milliliter des reinen Tranks kostet 199 US-Dollar, und der Hersteller empfiehlt die Verwendung nur »zu Versuchszwecken«. Auf keinen Fall sollte die Chemikalie zum Würzen verwendet werden.

FAMILIENBANDE: Wie Tomaten, Kartoffeln und Auberginen, aber auch die Übeltäter Tabak, Stechapfel und Bilsenkraut gehören die Paprika zu den Nachtschattengewächsen.

DER BARKEEPER
DES TEUFELS

Das Pflanzenreich hat ein bemerkens-
wertes Repertoire berauschender Zu-
taten zu bieten, und so ist gut ge-
rüstete Bar immer auch eine
Ansammlung alltäglicher Pflanzen
wie Wein, Kartoffeln, Korn,
Gerste und Roggen. Doch frü-
her hatten alkoholische Ge-
tränke sogar noch weit in-
teressantere pflanzliche
Inhaltsstoffe zu bieten.
Vin Mariani hieß ein
starkes, im 19. Jahrhun-
dert sehr beliebtes Gebräu
aus Kokablättern und Rotwein.
Laudanum, ein Arzneimittel aus Alkohol und Opium, wurde
nicht nur bis ins frühe 20. Jahrhundert von Ärzten verschrie-
ben, sondern auch gerne mit Brandy gemischt, was einen mehr
als suchterzeugenden Cocktail ergab (und das Lieblingsgetränk
des englischen Königs George IV. war). Die alten Griechen be-
schrieben einen Gerstensaft namens Kykeon, der psychoaktive
Zustände herbeiführte. Einige Wissenschaftler nehmen heute
an, dass er aus mit Mutterkorn infiziertem Roggen hergestellt
wurde und dementsprechend ein antiker Vorläufer von LSD
war.

Im Folgenden finden Sie einige der gemeinen Gewächse, die
noch heute von den Barregalen herabblinzeln:

ABSINTH

Der Geschmack – und schlechte Ruf – stammt von *Artemisia absinthium* (Wermut). Die kleine mehrjährige Pflanze glänzt silbern und riecht stechend bitter. Wermut zählt zu den vielen Kräutern, mit denen man Absinth, jenem blassgrünen, hochprozentigen Getränk des 19. Jahrhunderts, dem man nachsagte, Halluzinationen und Wahnsinn auszulösen, Geschmack verleiht. »Die grüne Fee« wurde zum wesentlichen Bestandteil des Kaffeehaus-Lebensstils der Pariser Bohème. Oscar Wilde, Vincent van Gogh, Henri de Toulouse-Lautrec, sie alle waren berüchtigte Absinthtrinker. Anfang des 20. Jahrhunderts wurde das Getränk in ganz Europa und den USA im Zuge der Prohibition verboten.

Was Absinth so gefährlich macht? Wermut enthält den starken Wirkstoff Thujon, der bei hoher Konzentration zu Krämpfen und zum Tode führen kann. Kürzlich wurde jedoch durch Messungen im Massenspektrometer gezeigt, dass die Konzentration von Thujon in Absinth minimal ist, und dass die berauschenden Effekte des Getränks schlicht mit der Tatsache zusammenhängen, dass Absinth über 65 Prozent Volumenalkohol enthält und damit fast doppelt so stark wie etwa Gin oder Wodka ist.

Absinth ist in der EU wieder legal, solange das Thujon-Niveau unterhalb einer festgelegten Grenze liegt. In den USA sind alle Produkte, die den Wirkstoff enthalten, streng verboten, doch neue thujonfreie Absinthsorten sind erhältlich.

MEZCAL UND TEQUILA

Wird aus den Blüten der Agave hergestellt, deren scharfe Dornen und ätzender Milchsaft so bedrohlich sind, dass Gefängniswärter sie in Alcatraz gepflanzt haben, um ausbruchwillige Häftlinge zu entmutigen. Die Blaue Agave, *Agave tequilana*, wird zu dem beliebten Getränk verarbeitet, das ihren Namen trägt, doch Amerikaner kennen vermutlich eher die *Jahrhundertpflanze*, auch *Agave americana*. Trotz ihrer Dornen und Vorliebe für trockenes Wüstenklima sind diese Pflanzen eigentlich keine Kakteen. Sie gehören zur Familie der Agavaceae und sind verwandt mit den Hostas, Yuccas und der Spinnenpflanze (*Chlorophytum comosum*), einer beliebten Zimmerpflanze. Der Wurm im Mezcal ist eine Larve von Motten oder Rüsselkäfern, die sich von der Pflanze ernähren.

ŻUBRÓWKA

Ein traditioneller polnischer Wodka, der mit einem Halm des Bisongrases (*Hierochloe odorata*), auch als Duftendes Mariengras bekannt, aromatisiert wird. Das Gras ist sowohl in Europa als auch Amerika beheimatet und amerikanische Ureinwohner haben es zur Herstellung von Körben, Rauchwerk und Medizin verwendet. Die Pflanze enthält das Blutverdünnungsmittel Cumarin, das in den USA als Lebensmittelzusatz verboten ist, weshalb auch Żubrówka dort seit 1978 illegal ist. Neue Technologien ermöglichen eine Destillation des Wodkas ohne Cumarin, und damit die Einfuhr in die USA, wobei das Gras dem Getränk immer noch eine leichte Vanille- oder Kokosnote verleiht. In Polen wird die unverfälschte Version oft mit Apfelsaft gemischt und als süßes, kaltes Getränk serviert.

MAIBOWLE

Ein beliebtes deutsches Getränk, das aus Weißwein und den Blättern des bodenwüchsigen Waldmeisters (*Galium odoratum* oder *Asperula odorata*) hergestellt wird, was dem Getränk einen süßen grasähnlichen Geschmack verleiht. Der Konsum dieser Pflanze in hohen Dosen kann zu Schwindel und Lähmungserscheinungen, im Extremfall zu Koma und Tod führen. Rezepte für hausgemachte Maibowle empfehlen, die jungen Blätter im Frühling, noch bevor die Pflanze blüht, und zudem nur sparsam zu verwenden. In den USA gilt Waldmeister, außer als Aroma in alkoholischen Getränken, als gefährlicher Nahrungszusatz.

AGWA DE BOLIVIA

Dieser neue Likör mit grünem, kräuterähnlichem Aroma enthält einen Auszug aus Kokablättern (*Erythroxylum coca*), allerdings kein Kokain – das Alkaloid wird während des Herstellungsprozesses auf ähnliche Weise entfernt wie beim Erfrischungsgetränk Coca-Cola. Der Likör enthält weitere pflanzliche Genussmittel, wie etwa Ginseng (*Panax spp.*) und ein Guaranaextrakt (*Paullinia cupana*).

CANNABIS WODKA

Ein hanfhaltiger Wodka aus der Tschechischen Republik. Auf dem Flaschengrund treiben eine Handvoll Samen des *Cannabis sativa*, doch der Hersteller garantiert, dass allein der Alkohol high mache – und es schmeckt auch nicht wie Bongwasser.

SAMBUCA

Ein mit Anis aromatisierter italienischer Likör aus Holunderbeeren (*Sambucus spp.*), der eine Rohform von Zyanid enthält. Dennoch hat der Trinker nur eines zu befürchten: einen stinknormalen Kater.

COLA TONIC

Ein alkoholfreies Mixgetränk aus der afrikanischen Kolanuss (*Cola spp.*), einem anderen Originalbestandteil der Coca-Cola-Formel. Die Nuss enthält Koffein und wird in westafrikanischen Ländern als mildes Genussmittel gekaut. Sie enthält aber auch wehenfördernde Verbindungen, die eine Frühgeburt verursachen können. Eine Studie zeigte zudem, dass Extrakte der Nuss malariaähnliche Symptome hervorrufen können, darunter Schwächeanfälle und Schwindel. Kolanuss wird in den USA zwar als sicherer Nahrungszusatz eingestuft, dennoch ist Cola Tonic dort nur schwer zu bekommen.

TONIC WATER

Der bittere Geschmack kommt vom Chinin, einem Auszug aus der Rinde des südamerikanischen Chinarindenbaums (*Chinchona spp.*). Chinin ist das Arzneimittel, das die Welt einst vor Malaria gerettet hat, und nachdem man begann, es dem Tonic Water zuzusetzen, wurde ein klassischer Sommerdrink erst so richtig beliebt: Gin Tonic.

(Und für britische Kolonialherren in Indien war dies eine sehr angenehme Möglichkeit, eine kleine Dosis ihres Malariamittels zu sich zu nehmen.) Die Arznei findet sich bis heute in Tonic Water, allerdings in geringeren Mengen. Das Chinin ist es auch, was dem Getränk sein fluoreszierendes Leuchten unter ultraviolettem Licht verleiht. Ebenfalls findet man Chinin in so manchem Wermut und Magenbitter. Obwohl es in geringen Mengen völlig harmlos ist, kann eine Überdosis eine Chininvergiftung verursachen. Zu den Symptomen gehören Schwindel, Magenprobleme, Tinnitus, Sehstörungen und Herzbeschwerden. Eine Überdosis ist so gefährlich, dass die behördliche Lebensmittelüberwachung der USA davor warnt, das Malariamittel gegen andere Beschwerden wie z. B. Beinkrämpfe einzusetzen. Piloten der Luftwaffe werden dazu angehalten, 72 Stunden vor einem Einsatz kein Tonic Water mehr zu trinken und eine tägliche Menge von mehr als einem Liter grundsätzlich zu vermeiden.

IBOGA

TABERNANTHE IBOGA

FAMILIE: Apocynaceae (Hundsgiftgewächse)
HABITAT: Tropischer Regenwald
VERBREITUNG: Westafrika
NAMEN: Obona, Baum der Erkenntnis

Iboga ist ein bis zu zwei Meter hoher Blütenbusch, der im Unterholz der tropischen Wälder an der äquatorial-afrikanischen Westküste wächst. Er bildet Trauben gelber, weißer und rosafarbener Blüten, gefolgt von länglichen, orangefarbenen Früchten, die dem Habanero-Chili ähneln. Die Pflanze enthält das starke Alkaloid Ibogain, das vor allem in den Wurzeln in hoher Konzentration vorkommt und zur Herstellung eines umstrittenen Medikaments dient, von dem Befürworter glauben, dass es Heroinsucht heilen kann.

Die Mitglieder der Bwiti-Religion in Westafrika verwenden Iboga als zeremonielles Sakrament. Sie glauben, dass die Halluzinationen, die durch die Pflanze hervorgerufen werden, es den Gemeindemitgliedern erlauben, Kontakt mit ihren Ahnen aufzunehmen, Initiationsriten zu durchlaufen und psychosomatische Probleme zu lösen. Diese Praxis hat westliche Journalisten, darunter den Forschungsreisenden Bruce Parry angelockt, der für die BBC-Serie *Tribe* einen Dokumentarfilm über seine Erlebnisse drehte. Zudem hat dies einen Drogentourismus entstehen lassen, der zwielichtige Gestalten in den afrikanischen Dschungel treibt, um an dem Ritual und damit an einer langen Nacht voller Halluzinationen und Erbrechen teilzuhaben.

Im Jahr 1962 fiel die Droge dem 19-jährigen Amerikaner Howard Lotsof in die Hände und er beschloss, sie auszuprobieren. Vielleicht hatte er ein entspannendes High erwartet, doch dann musste er zu seiner Überraschung feststellen, dass Ibogain seine Lust auf Heroin, Lotsofs eigentliche Lieblingsdroge, auslöschte. Er lud Freunde ein, es selbst auszuprobieren, und einige kamen zu demselben Ergebnis. 20 Jahre später war er immer noch an der Fähigkeit dieser Pflanze interessiert, die Abhängigkeit von einem anderen gemeinen Gewächs, Schlafmohn, zu heilen. Er meldete Patente für Medikamente auf Ibogain-Basis an und gründete die *Dora Weiner Foundation* zur Unterstützung alternativer Behandlungsmethoden von Drogenabhängigkeit. Patienten berichten von unterschiedlichen Erfolgen mit der Ibogain-Therapie. Einige glauben, dass die Behandlung ihre Gehirnchemie »in ihren ursprünglichen Zustand« zurückversetzt und sie deshalb keinerlei Verlangen nach Drogen mehr haben. Außerdem, so berichteten sie, gewährten die Ibogain-Halluzinationen ihnen neue Einsichten in die Ursachen ihrer Abhängigkeit. Dennoch bleibt Ibogain in den USA als Schedule-I-Droge verboten und die behördliche Lebensmittelüberwachung verweigert jeglichen medizinischen Gebrauch.

Es gab mehrere Berichte über Todesfälle im Zusammenhang mit Ibogain, darunter der Tod des Punkrockers Jason Sears, Sänger der Band *Rich Kids on LSD*. Er hatte das Mittel auf einer Detox-Farm in Tijuana ausprobiert, um seine Drogensucht zu bekämpfen.

FAMILIENBANDE: Iboga zählt zur selben Familie wie der wohlriechende Tropenstrauch Plumeria und mehrere Giftpflanzen. Oleander gehört ebenfalls zur Verwandtschaft, wie auch die Pfeilgiftpflanze *Acokanthera* und der Selbstmordbaum *Cerbera odollam*.

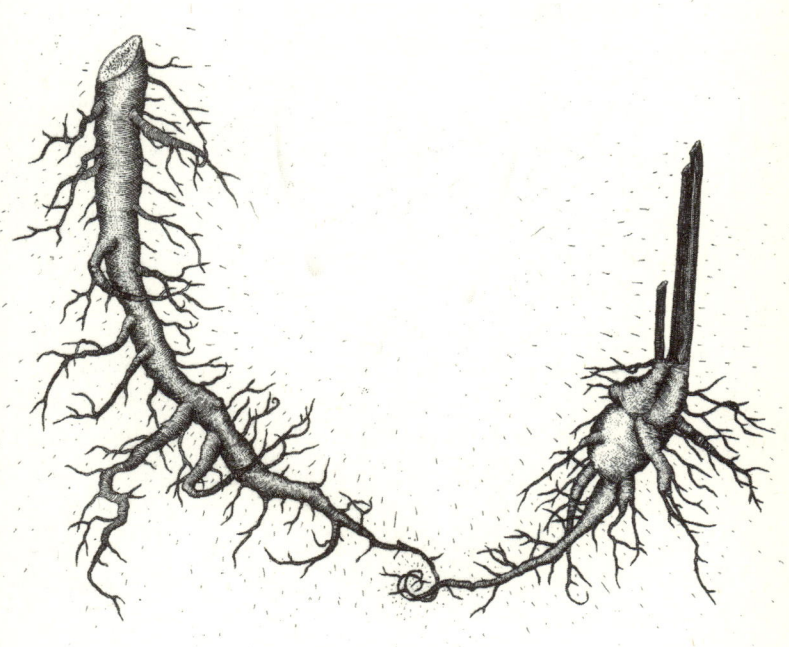

KHAT

CATHA EDULIS

FAMILIE: Celastraceae (Spindelbaumgewächse)
HABITAT: Tropisches Bergland über 1000 Meter
VERBREITUNG: Afrika
NAMEN: Kat, Qat, Kath, Miraa, Abessinischer Tee

Als 1993 bei der Schlacht um Mogadischu zwei ameri-kanische Black-Hawk-Hubschrauber abgeschossen wurden, spielte Khat eine kleine, aber entscheidende Rolle. Bewaffnete Somalier stopften sich Khatblätter in die Backen und rasten mit einem nervösen High durch Mogadischu. Der Rausch hielt an bis spät in die Nacht und tat sein Üb-riges zur Gewalt gegen die amerikanischen Soldaten, die an der Absturzstelle eingeschlossen waren und dort ihren Tod fanden.

Der Autor Mark Bowden entdeckte eine interessante Reisemöglichkeit nach Somalia, als er Recherchen für sein Buch *Black Hawk Down* betrieb: Er flog mit einer Khat-Maschine. Weil die Blätter kurz nach dem Pflücken kon-sumiert werden müssen, zahlte er den Handelspreis für die Menge an Khat, die seinetwegen nicht ins Flugzeug passte. »Sie haben 90 Kilo Khat ausgeladen, damit ich sit-zen konnte«, sagte er in einem Interview. »Ich habe für mich bezahlt, als wäre ich Khat, das ins Land geschafft werden soll.«

Die Blätter bewirken eine klarsichtige Euphorie, die

mehrere Stunden andauert. In Jemen und Somalia konsumieren bis zu drei Viertel der Männer die Droge und pressen, so wie es auch in Südamerika mit Koka geschieht, ein paar Blätter zwischen Backen und Gaumen. Und wie Koka hat auch Khat bereits so manchen Streit zwischen jenen angezettelt, die den Gebrauch als wohltuendes kulturelles Ritual begreifen, das seit Jahrhunderten praktiziert wird, und jenen, die darin eine Bedrohung der nationalen Gesundheit sehen.

Landet eine Khat-Maschine in Somalia, wird ihre Fracht in wenigen Stunden ausgeladen und verteilt. Männer lungern herum, sind auf Droge, kauen ihr Khat und vergessen Familie wie Arbeit. Längerfristiger Konsum führt zu Aggressionen, Wahnvorstellungen, Paranoia und Psychosen.

Catha edulis ist ein blühender Strauch, der in Äthiopien und Kenia bei praller Sonne und sehr warmen Temperaturen gedeiht. Die dunklen, glänzenden Blätter sprießen aus roten Halmen, die jungen Blätter können auch rot gefranst sein. Die Pflanze erreicht in freier Natur eine Höhe von mehr als sechs Metern, im kontrollierten Anbau jedoch lediglich zwei.

Ihr stärkster Wirkstoff, Cathinon, wird in den USA als Schedule-I-Droge eingestuft, also ähnlich wie Marihuana und Peyote. Der Cathin-Anteil der Blätter fällt schon 48 Stunden nach der Ernte dramatisch ab, was den Drogenschmuggel zu einem hektischen Wettlauf gegen die Zeit macht. Sobald das Cathinon abgebaut ist, bleibt nur noch Cathin erhalten, eine sehr milde Chemikalie, die ähnlich wie die Diätpille Ephedrin wirkt. Deshalb muss auch die Polizei schnell handeln und konfiszierte Pflanzen in einem Drogenlabor untersuchen lassen. Denn nach nur 48 Stunden wird aus einer großen Drogenrazzia plötzlich eine harmlose Diätpillen-Kontrolle.

Khat-Dealer in Seattle, Vancouver und New York wurden hochgenommen, weil sie die Blätter unter dem Ladentisch an somalische Einwanderer verkauften. Im Jahr 2006 verbot Somalias *Islamische Bewegung* die Pflanze in den von ihr kontrollierten Gebieten und stoppte alle Flüge aus Kenia, um den Gebrauch von Khat zu unterbinden. Man wird sehen, ob die Somalis ihre Droge, die man auch *Opium des Volkes* nennt, aufgeben werden.

> FAMILIENBANDE: Khat ist mit etwa 1300 Kletterpflanzen und Sträuchern tropischer bis gemäßigter Breiten verwandt. Darunter befinden sich auch der hochgiftige Amerikanische Baumwürger und die ebenso giftigen Spindelsträucher, auch als *Euonymus* bekannt.

BOTANISCHE VERBRECHERCLANS

Ist Ihnen je aufgefallen, dass kriminelle Neigungen oft in der Familie liegen? Und auch einige Pflanzenfamilien scheinen mehr als nur ein schwarzes Schaf in ihren Reihen zu haben. Die Eigenschaften, die sie von anderen Familien unterscheiden – stechende Haare, Milchsäfte oder filigranes Blattwerk –, sind allerdings ebenfalls ein dezenter Hinweis.

NACHTSCHATTENFAMILIE   Solanaceae

Zu den Nachtschattengewächsen zählen sowohl einige der großartigsten als auch einige der furchtbarsten Pflanzen, denen der Mensch je begegnet ist. Kartoffeln, Paprika, Auberginen und Tomaten gehören zu den angesehenen Familienmitgliedern. Die ersten europäischen Siedler in der Neuen Welt glaubten allerdings, dass die neu entdeckte Tomate wie andere ihnen bekannte Nachtschattengewächse giftig sei. Schließlich ähnelt sie ihrer Cousine, der Tollkirsche, und anderen Verwandten wie den betäubenden Alraunen, dem Teufelskraut Tabak, dem giftig-berauschenden Bilsenkraut und dem Stechapfel.

Nachtschattengewächsen wurde lange mit Argwohn und Misstrauen begegnet. John Smith, ein Philosoph aus dem 17. Jahrhundert, verglich »den erstarrten Dampf, der aus Sünde und Laster emporsteigt«, mit den teuflischen Kräften »dieser verderblichen Tollkirsche, die ihr kaltes Gift in den Verstand der Menschen treibt«. Tatsächlich enthalten viele Nachtschattengewächse Tropanalkaloide, die Halluzinationen, Krämpfe und tödlich verlaufende Komas verursachen können.

Auch die Petunie zählt zu der Familie, und wer weiß, wie sie aussieht, hält einen Schlüssel zur Identifizierung vieler anderer Nachtschattengewächse in den Händen. Ansonsten gilt: Eine unbekannte Pflanze, die kleine runde Früchte bildet und ähnliche Lebensräume wie Tomaten oder Auberginen bevorzugt, sollte nur mit Vorsicht genossen werden.

CASHEWFAMILIE   Anacardiaceae

Die Bäume und Büsche dieser Familie produzieren typischerweise eine Steinfrucht: eine Frucht, in der die Samen von einem harten, seinerseits von süßem, saftigem Fruchtfleisch umschlossenen Kern umgeben sind. (Ein Beispiel sind Mangos, aber auch die nicht verwandten Steinfrüchte wie Pfirsiche und Kirschen.) Die Spezialität der Cashewfamilie ist die Produktion eines giftigen Harzes, das einen schmerzhaften und lang anhaltenden Ausschlag verursacht. Und zünden Sie bloß kein Mitglied dieser Familie an – es wird einen giftigen Rauch entfachen, der Ihre Lungen verätzt.

Giftefeu, Gifteiche und Giftsumach sind die vielleicht meistgefürchteten Mitglieder der Familie. Außerdem produzieren Mango- und Cashewbäume, wie auch der Lackbaum, das ätzende Harz Urushiol. Bei Menschen, die bereits auf Efeu empfindlich reagieren, kann es sogar zu einer Kreuzreaktion mit Mangorinde oder glasierten Gefäßen kommen. Zu den Verwandten gehören auch der Pistazienbaum, der Ginkgobaum, der Giftholzbaum und der Pfefferbaum.

BRENNNESSELGEWÄCHSE   Urticaceae

Diese kleinen und oftmals harmlos aussehenden Pflanzen kennt man vor allem wegen ihrer anatomischen Besonderheit, den stechenden Haaren. Mögen sich diese feinen Haare auch so unschuldig wie Pfirsichflaum gebärden, so enthalten sie doch nicht selten eine Giftration, die unter der Haut freigesetzt wird. Der heute gebräuchliche medizinische Fachausdruck für schmerzhafte, juckende Quaddeln, Urtikaria oder Nesselsucht, beschrieb ursprünglich ausschließlich Hautreizungen, die durch Brennnesseln verursacht werden.

Die meisten Nesseln sind niedrig wachsende Pflanzen, die oberflächlich betrachtet Kräutern mit gezahnten Blättern, wie z. B. Basilikum, ähneln. Zur Familie der Urticaceae gehören die australische Brennnessel, die als die »schmerzhafteste Pflanze der Welt« gilt, und, wohl am bekanntesten, die Große Brennnessel, *Urtica dioica*. Ihre Haare sind so fein, dass Menschen, die die Pflanze nicht kennen, sie nicht einmal bemerken. Neben ihren stechenden Härchen erkennt man Nesseln auch an ihren kleinen, weit verzweigten Blüten, die aus dem Gelenk sprießen, das die Blätter mit dem Stamm verbindet. Auf jeden Fall gilt: Wer der schmerzhaften Begegnung mit der Brennnesselfamilie entgehen will, der widerstehe am besten der Versuchung, unbekannte flaumige oder haarige Blätter zu streicheln.

WOLFSMILCHGEWÄCHSE   Euphorbiaceae

Das Alleinstellungsmerkmal dieser Familie ist ihr aggressiver Milchsaft. Gärtner erkennen vielleicht die beliebten Euphorbien, die im mediterranen Raum beheimatet sind, doch andere Familienmitglieder können ganz anders aussehen: ob Christstern, Bleistiftstrauch, Rizinus, Gummibaum, Sandbüchsenbaum, Mala Mujer, Milchige Mangrove oder Mancinella, sie alle gehören zu den Wolfsmilchgewächsen. Viele von ihnen verbrennen oder verätzen die Haut, und einige, wie der Rizinusbaum, enthalten gar starke Giftstoffe, die tödlich sein können, wenn sie in den Körper gelangen. Alle Pflanzen, die milchigen Saft produzieren, sollten darum mit Umsicht behandelt werden. Einige

Wolfsmilchgewächse können anhand ihrer farbenfrohen Brakteen erkannt werden, ein gutes Beispiel sind die Blüten der Euphorbien oder der Christsterne.

DOLDENBLÜTLER   Apiaceae

In dieser Familie verstecken sich hinter vielen heilsamen und schmucken Mitgliedern einige berüchtigte Kriminelle. Karotten, Dill, Fenchel, Petersilie, Anis, Liebstöckel, Kerbel, Pastinaken, Kümmel, Koriander, Engelwurz und Sellerie sind Pflanzen, ohne die ein guter Chefkoch nicht auskommen wollte, doch selbst sie sind mit Vorsicht zu genießen: Viele von ihnen, darunter Sellerie, Dill, Petersilie und Pastinaken, sind phototoxisch – Hautkontakt in Kombination mit Sonneneinstrahlung verursacht unangenehmen Ausschlag. Eine Gartenblume, das Bischofskraut, ist so phototoxisch, dass eine Berührung mit den Samen eine dauerhafte Verfärbung der Haut verursachen kann.

Doch die wahre Gefahr geht von Verwandten wie dem Wasserschierling, Gefleckten Schierling, der Herkulesstaude und dem Bärenklau aus. Diese wilden Pflanzen enthalten Neurotoxine und Hautreizmittel, sehen dabei aber ihren essbaren Cousins so ähnlich, dass schon so mancher Wanderer und Koch einen tragischen Irrtum begangen hat.

Die Zuordnung von Pflanzen zur Familie der Doldenblütler ist recht einfach. Ein typisches Beispiel ist die Wilde Möhre: Wie die meisten Familienmitglieder trägt sie feines spitzenartiges Blattwerk und hat einen verkürzten Blütenstand, den man als Dolden bezeichnet, sowie karottenförmige Wurzeln.

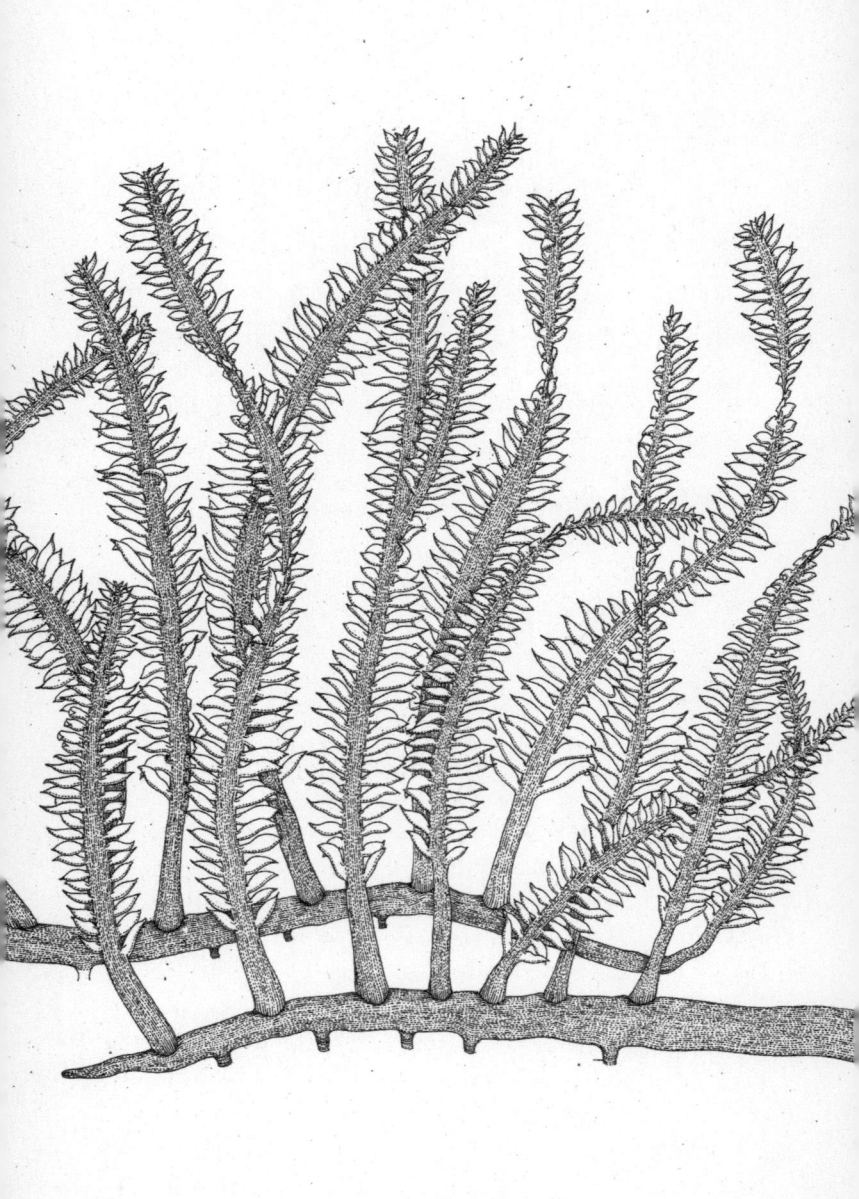

KILLERALGEN

CAULERPA TAXIFOLIA

FAMILIE: Caulerpa

HABITAT: Killeralgen breiten sich im Mittelmeer, entlang der kalifornischen Pazifikküste, in den Ozeanen des tropischen und subtropischen Australien und in Salzwasseraquarien weltweit aus.

VERBREITUNG: Ursprünglich wurde die Alge an der französischen Küste entdeckt, ist mittlerweile aber in der Karibik, in Ostafrika, Nordindien und anderswo beheimatet.

NAMEN: Caulerpa

Im Jahr 1980 entdeckten Mitarbeiter des Stuttgarter Zoos in einem ihrer Aquarien eine eindrucksvolle Form der tropischen Alge *Caulerpa taxifolia*. Unter normalen Umständen hätte sie die kälteren Temperaturen, die die mediterranen Fische des Aquariums benötigten, nicht überlebt, doch diese spezielle Art schwamm saftig grün und widerspenstig im kalten Becken. Was machte dieses Exemplar so andersartig? Wissenschaftler glauben, dass die permanente Belastung durch die Chemikalien und das ultraviolette Licht des Aquariums eine genetische Veränderung der Pflanze ausgelöst haben, die sie besonders robust werden ließ.

Bald machte unter Experten die Geschichte von der

Wunderalge die Runde, und mehrere Aquarien versuchten, die Pflanze für ihre Becken zu erwerben. So gelangte sie auch in Jacques Cousteaus *Ozeanographisches Museum* in Monaco, von wo sie mit ein klein wenig Hilfe entkommen konnte: Es war wohl ein Mitarbeiter, der nach Reinigung der Becken den Müll ins offene Meer kippte.

Der französische Biologieprofessor Alexandre Meinesz sah 1989 als Erster Teile der Alge im Mittelmeer nahe dem Museum wachsen. Überrascht, wie schnell sich eine tropische Alge im kalten Wasser ausbreiten konnte, warnte er seine Kollegen, dass die Pflanze sich diesen neuen Lebensraum erobern könnte.

Damit begann ein zehn Jahre dauernder Streit: über den Ursprung der Pflanze, die Wahrscheinlichkeit, dass sie sich invasiv verhalten könnte und wer in diesem Fall die Verantwortung für ihre Bekämpfung zu tragen hätte. Während noch Komitees gebildet und Aufsätze geschrieben wurden, breitete sich die Alge in 68 Meeresregionen der Erde aus und überwucherte 5000 Hektar des Meeresbodens. Heute bedeckt ein saftig grüner Teppich aus *C. taxifolia* mehr als 13 000 Hektar der Ozeane.

Das ist umso bemerkenswerter, wenn man bedenkt, dass die Killeralge ein einzelliger Organismus ist. Mit ihren fiedrigen Wedeln, den robusten Stämmen und widerständigen Rhizoiden, die sie im Meeresboden verankern, besteht die gesamte Pflanze aus einer einzigen gigantischen Zelle, die über 60 Meter Länge messen und täglich mehrere Zentimeter wachsen kann. Damit haben wir es mit einem der größten – und gefährlichsten – Einzeller der Welt zu tun.

Killeralgen töten keine Menschen. Die Pflanze erhielt ihren Namen aufgrund des Toxins Caulerpenin, das Fische gefährdet. Die meisten Unterwasserbewohner wagen es deshalb nicht, sich von der Pflanze zu ernähren, was einer der Hauptgründe dafür ist, dass sie sich bis heute in vielen Ozeanen ungehindert ausbreiten kann. Die sattgrüne Alge bildet auf dem Meeresgrund Wiesen von drei Metern Höhe und erstickt so alle anderen Lebensformen. Fischbestände sterben aus und Wasserwege werden durch die Pflanze verstopft.

Dieser mutierte Aquariumableger der *C. tysifolia* ist ausschließlich männlich, was darauf hinweist, dass die gesamte invasive Population weltweit von einer einzigen Pflanze abstammt. Ihre Fortpflanzungsform ist die Expansion: Ein Stück bricht ab, verfängt sich an Bootswänden und wird so über das Meer verteilt. Das Caulerpenin bildet ein Gel, das die Wunde innerhalb einer Stunde verheilen lässt, und erlaubt es dem Ableger, sich auszudehnen und eine neue Unterwasserwiese zu bilden.

Killeralgen werden in den USA als Unkraut klassifiziert, was bedeutet, dass sie nicht eingeführt oder über die Staatsgrenze hinaus transportiert werden dürfen. Die *Invasive Species Specialist Group* zählt sie zu den 100 schlimmsten Invasoren. Alle Versuche, die Pflanze auszurotten, waren bislang nicht erfolgreich, eine Rodung würde ihre Vermehrung nur weiter beschleunigen. Eine der wenigen Erfolgsmeldungen stammt aus San Diego, wo man ein 10 000 m² großes Areal zerstören konnte, indem man es mit einer Plane bedeckte und der Alge anschlie-

ßend mit Chlor zu Leibe rückte. Die Behörden sprechen jedoch noch lange nicht von einem Sieg: Ein wenige Millimeter großes Stück könnte im Ozean treiben, Wurzeln schlagen und sich erneut ausbreiten.

FAMILIENBANDE: Der essbare Meersalat (*Ulva lactuca*) und andere kleine grüne Algen sind mit der bedrohlichen Killeralge verwandt.

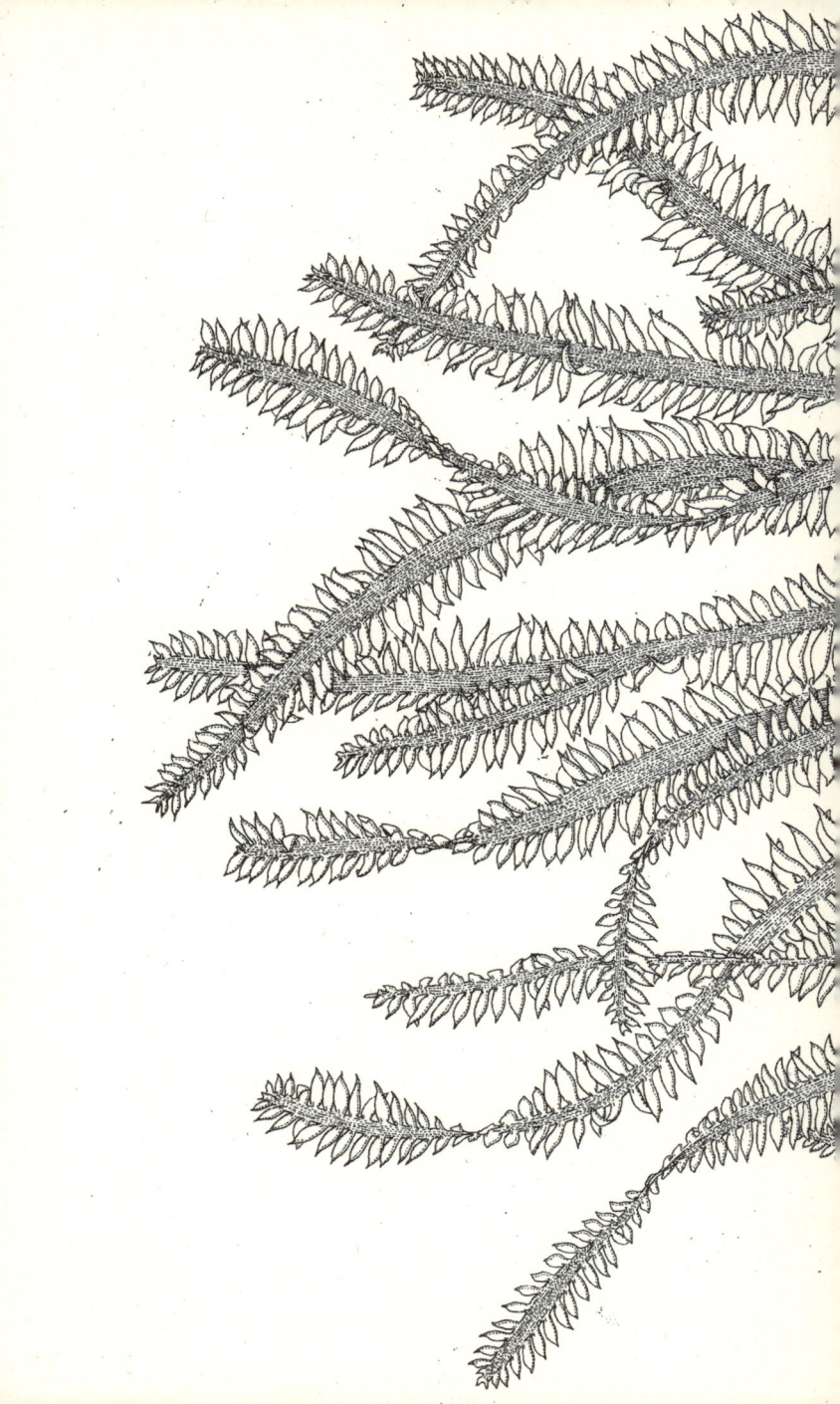

KOKA

ERYTHROXYLUM COCA

FAMILIE: Erythroxylaceae (Rotholzgewächse)
HABITAT: Tropischer Regenwald
VERBREITUNG: Südamerika
NAMEN: Kokain

Im Jahr 1895 schrieb Sigmund Freud an einen Kollegen, dass ihm »eine Kokainisierung der linken Nasen überraschend wohl tat«. Eine bescheidene mittelgroße Pflanze hatte Freuds Lebensanschauung völlig verändert. »Es geht mir nämlich seit einigen Tagen ganz unglaublich gut«, schrieb er, »als wäre alles abgewischt (...) und seither geht es mir ebenfalls gut, als wäre nie etwas gewesen.«

Archäologische Funde zeigen, dass man bereits 3000 v. Chr. Kokablätter zwischen Zunge und Gaumen presste. Als die Inkas in Peru die Macht übernahmen, übernahm die neue herrschende Klasse auch die Kontrolle über die Kokaversorgung, bis im 16. Jahrhundert die spanischen Konquistadoren das Land eroberten und die katholische Kirche den Gebrauch der teuflischen Pflanze zunächst verbot. Schließlich aber gewannen praktische Erwägungen die Oberhand und die spanische Regierung begriff, dass es auch für sie besser wäre, den Konsum nicht gänzlich zu untersagen, sondern zu regulieren und zu besteuern, vor allem aber den Sklaven zu erlauben, bei ihrer Arbeit in den Gold- und Silberminen Koka zu kauen. Die Spanier erkannten, dass die Eingeborenen mit genügend Koka schneller und länger arbeiteten und dabei mit weniger Nahrung auskamen. (Mal abgesehen davon, dass sie unter diesen Bedingungen nach wenigen Monaten starben.)

Der italienische Arzt Paolo Mantegazza warb im 19. Jahrhundert für die medizinische Verwendung der Kokablätter und pries ihre entspannende Wirkung.

Er war von seiner Entdeckung derart begeistert, dass er schrieb: »Ich bedauerte die armen Sterblichen wegen ihres Lebens in diesem Tal der Tränen. Von zwei Kokablättern als Flügel getragen, flog ich durch 77 348 Welten, eine immer prächtiger als die andere. (...) Ich ziehe ein Leben mit Koka einem Leben von einer Million Jahrhunderten ohne Koka vor ...«

Kokain, ein Alkaloid, das aus Kokablättern gewonnen wird, wurde als Betäubungs- und Schmerzmittel eingesetzt, aber auch als Verdauungsmittel und zur allgemeinen Kräftigung. Die ersten Versionen des Erfrischungsgetränks Coca-Cola enthielten beträchtliche Mengen Kokain. Zwar ist die Rezeptur ein streng gehütetes Geheimnis, doch man glaubt, dass Kokaextrakte bis heute das Aroma bestimmen und lediglich das Kokainalkaloid entfernt wurde. Die Blätter werden von einem amerikanischen Hersteller legal über Perus staatliche Kokagesellschaft in die USA eingeführt. Dort wird aus den Blättern Coca-Colas geheime Geschmacksnote extrahiert und das dabei gewonnene Kokain zu einem Mittel zur örtlichen Betäubung weiterverarbeitet.

Die vielleicht gefährlichste Eigenschaft der Kokapflanze sind die Menschen, die ihretwegen in den Krieg ziehen, und zwar sowohl gegeneinander als auch gegen die Pflanze selbst.

Ein gesunder Strauch liefert jährlich drei Ernten frischer, glänzender Blätter. Das Kokain und andere in den Blättern vorkommende Alkaloide erweisen sich als natürliches Pflanzenschutzmittel, das ein Gedeihen der Pflanze selbst unter schwierigen Bedingungen garantiert. Zwar kann man auch aus anderen Kokasorten Kokain gewinnen, doch meist kommt hierfür *Erythroxylum coca* zum Einsatz, das an den Hängen der östlichen Andenkette wächst. In den dortigen Siedlungen werden Kokablätter noch heute als leichte Aufputschmittel verwendet. Pharmakologische Studien kommen zu dem Ergebnis, dass es sich hierbei um ein viel milderes, nicht abhängig machendes Genussmittel handelt, das andere Gehirnregionen als herkömmliches Kokain anspricht. Die Blätter sind erstaunlich nahrhaft und besitzen einen hohen Kalziumgehalt, weshalb ein Minister der bolivianischen Regierung, die sich für den Kokaanbau einsetzt, vorgeschlagen hat, dass Schulkinder mit Kokablättern statt mit Milch versorgt werden sollten.

Der Strauch hat auch Angriffe ganz anderer Art überstanden: Während des Drogenkriegs wurde das Pflanzengift Glyphosat aus der Luft über dem Anbaugebiet versprüht. Doch derartige Maßnahmen zur Ausrottung der Droge wurden durch die Anpflanzung einer neuen widerstandsfähigeren Variante des Koka, *Boliviana negra*, vereitelt. Diese neue Art scheint sich ohne die Hilfe von Wissenschaftlern und Labors entwickelt zu haben. Vielmehr hatten wohl einige Kokabauern besonders resistente Pflanzen in ihren Feldern entdeckt und untereinander weitergegeben.

Befürworter des traditionellen Kokaanbaus weisen darauf hin, dass es sich bei Koka um eine andine Pflanze handelt, die bereits seit mehreren tausend Jahren wächst, während die Droge Kokain in Europa erst vor 150 Jahren entdeckt wurde. Die Probleme, die sich aus dem Konsum von Kokain ergeben, sollten, so der Vorschlag, innerhalb der entsprechenden Länder gelöst werden, und nicht auf Kosten der Kokapflanze.

FAMILIENBANDE: *Erythroxylum coca* ist das bekannteste Mitglied dieser Familie von Angiospermen, doch auch *E. novagranatense* enthält das Kokainalkaloid. *E. rufum*, auch »falsches Kokain«, wächst vor allem in botanischen Gärten.

BLEIBEN SIE STEHEN UND SCHNUPPERN SIE AN AMBROSIA

Ein giftiger Samen tötet Sie nur dann, wenn Sie ihn zerkauen und schlucken, und ein schmerzhafter Ausschlag befällt Sie nur dann, wenn Sie Ihre Haut gegen die falschen Blätter reiben. Doch es gibt einige Pflanzen, die ihren Radius erweitert haben, indem sie hautreizende Allergene über die Luft aussenden.

Es gibt einen Grund, warum Allergien jedes Jahr schlimmer zu werden scheinen: Gärtner pflanzen in ihrer Ordnungswut lieber männliche Bäume und Sträucher. Denn während die weiblichen Pflanzen ihre Früchte fallen lassen und ganze Bürgersteige und Vorgärten verunreinigen, produzieren männliche Bäume kleine, wohlerzogene Blüten – wenn man es denn wohlerzogen nennen mag, wochenlang Pflanzensamen in die Luft zu pusten.

In den 1950er- und 60er-Jahren wurden in Amerika kranke Ulmen durch die männliche, windbestäubte Variante des Baums ersetzt. Danach wurden vor allem im Südosten der USA einige Städte für Allergiker und Asthmatiker so gut wie unbewohnbar.

Hausbesitzer werden überraschend widerborstig, wenn es um die Beseitigung dieser Bäume geht. So wies ein Allergieexperte eine Familie auf den riesigen Maulbeerbaum in ihrem Garten hin. Nach dem Versuch, die Pollen mit einem Wasserschlauch abzuwaschen, merkte das Paar, wie sich ihre Atemwege verschlossen – und musste die Nacht im verriegelten Badezimmer verbringen. Die Pollen waren im Wasser gekeimt und hatten mehr Allergene als vorher abgegeben.

Denken Sie einmal darüber nach, ob Sie nicht die folgenden Pflanzen aus Ihrem Garten verbannen sollten:

AMBROSIEN oder TRAUBENKRÄUTER   Ambrosia spp.

Unterschiedlich aussehende Krautarten, die in den USA und ganz Europa wachsen. Eine einzelne Pflanze kann eine Milliarde Pollenkörner im Jahr produzieren. Die Pollen schweben tagelang in der Luft und fliegen mehrere Kilometer weit. Sie beeinträchtigen 75 Prozent aller Allergiker und führen zu Kreuzreaktionen auf Nahrungsmittel mit ähnlichen Proteinen, wie z. B. Melonen und Bananen. Bei erhöhten CO_2-Werten erhöht sich auch der Pollenausstoß der Ambrosien, die globale Erderwärmung wird die Situation also weiter verschärfen.

STEINEIBE   Podocarpus macrophyllus

Ein Strauch oder kleiner Baum, der als Straßenbaum oder in Vorgärten beliebt ist und große Mengen Pollen produziert. Da man ihn in Vorstädten gerne unter Schlafzimmerfenstern pflanzt, wachen viele Allergiker nachts mit Halsschmerzen auf, die nur noch schlimmer werden, wenn sie den folgenden Tag im Bett bleiben, um sich auszukurieren.

PFEFFERBAUM   Schinus molle oder S. terebinthifolius

Ein umstrittener Landschaftsbaum, der sich invasiv verhalten und unerfreuliche Hautreizungen verursachen kann. Der Verzehr der Beeren ist giftig. Die männlichen Bäume schleudern über die gesamte Blütezeit Pollen in die Luft. Weil sie mit Efeu und anderen Mitgliedern der Gattung Toxicodendron verwandt sind, werden Menschen, die auf diese Pflanzen empfindlich reagieren, auch mit dem Pfefferbaum keine Freude haben. Er produziert ein Öl, das verdunstet und Asthma, Augenentzündungen und andere Reaktionen hervorrufen kann.

OLIVENBAUM   Olea europaea

Olivenpollen sind aufgrund der Vielzahl ihrer Allergene derart aggressiv, dass so manche Stadtverwaltung versucht, den Baum ganz zu verbannen. Die Stadt Tucson in Arizona hat eine Verordnung erlassen, die den Verkauf und die Pflanzung von Olivenbäumen verbietet.

MAULBEERBAUM   Morus spp.

Diese Pflanze wirft Milliarden von Pollenkörnern ab, die dann in unseren Innenhöfen herumliegen oder in unsere Wohnungen und Häuser gelangen. Sie ist eine der Hauptauslöser von Frühjahrsallergien.

HIMALAJA-ZEDER   Cedrus deodora

Eine schnell wachsende Zeder, die bis zu 20 Meter hoch und 10 Meter breit wird und in Gärten und Parks in wintermilden Gegenden Nordamerikas und Europas zu Hause ist. Die kleinen männlichen Zapfen geben ihre Pollen, auf die viele Allergiker anfällig reagieren, im Herbst in die Luft.

ZYLINDERPUTZER   Callistemon spp.

Ein in Nordamerika, Europa und Australien beliebter, weil prächtiger Strauch. Die langen borstenartigen roten Staubgefäße entlassen Pollen von ihren Spitzen. Diese sind dreieckig geformt und nisten sich in den Nebenhöhlen ein, was sie zu besonders bösartigen Allergenen macht.

WACHOLDER   Juniperus spp.

Diese immergrüne Pflanze ist ein ernstzunehmender und oft unterschätzter Auslöser von Allergien. Die männlichen Vertreter produzieren Zapfen mit enormen Pollenmengen. Einige Wacholderpflanzen haben sowohl männliche als auch weibliche Organe (Monözie) und können also möglicherweise Beeren produzieren, gleichzeitig aber auch Pollen versprühen.

HUNDSZAHNGRAS   Cynodon dactylon

In gemäßigten Zonen weltweit eine der beliebtesten Rasengrasarten, aber auch eine der allergensten. Das Gras blüht durchgängig, und die Blüten wachsen so niedrig, dass ihnen ein Rasenmäher nichts anhaben kann. Neuere Unterarten produzieren keine Pollen mehr, doch die älteren verursachen so große Probleme, dass sie in einigen Städten im Südwesten der USA verboten sind.

KUDZU

PUERARIA LOBATA

FAMILIE: Fabaceae (Hülsenfrüchtler)
HABITAT: Feuchtwarme Klimazonen
VERBREITUNG: China; im 18. Jahrhundert in Japan ein-
                  geführt
NAMEN: Kudzu-Wein (auf Japanisch bedeutet *kud-
                  zu* »Abfall«, »Müll« oder »unnützer Rest«),
                  in den USA nennt man es *The vine that ate
                  the south.*

K udzu, rette uns!« So euphorisch begrüßte ein Artikel der *Washington Post* aus dem Jahr 1937 diese exotische Kletterpflanze, die in der Lage ist, Erosionen zu verhindern. Und tatsächlich konnte sich Kudzu fast ein Jahrhundert lang der enthusiastischen Unterstützung amerikanischer Gärtner und Bauern sicher sein.

Die Jahrhundertausstellung von 1876 in Philadelphia war ein Festival der Wunder. Etwa zehn Millionen Amerikaner machten erste Bekanntschaft mit dem Telefon, der Schreibmaschine und einer neuen Wunderpflanze aus Japan: Kudzu. Liebhaber schwärmten von ihrem fruchtigen, traubenähnlichen Duft wie von der Tatsache, dass die Pflanze in kürzester Zeit über alle Spaliere kletterte.

Bald schon erkannten Farmer, dass ihre Viehherden Kudzu gern fraßen, und so wurde sie im Laufe der Jahre zu einer bewährten Futterpflanze. Kudzu grub sich in die

Erde und verhinderte erfolgreich Erosion. Ein Regierungsprogramm, das den Anbau der Pflanze befürwortete, unterstützte Kudzu bei seinem Siegeszug durch das Land.

Für den Süden der USA hatte Kudzu jedoch eigene Pläne. Es fühlte sich schnell heimisch und wuchs in den warmen, feuchten Sommern bis zu 30 Zentimeter am Tag. Diese Pflanze ist der geborene Eroberer: Mehr als zwei Dutzend Sprossachsen wachsen aus einer einzigen Krone, und jede von ihnen kann sich bis zu 30 Meter ausbreiten. Eine einzige massive Pfahlwurzel wiegt bis zu 180 Kilo. Jedes einzelne Blatt kann sich so verbiegen und drehen, dass es ein Maximum an Sonnenlicht abbekommt. Die Kletterpflanze nutzt die Sonnenenergie also besonders effizient und hält gleichzeitig die Strahlen davon ab, zu den unter ihr wachsenden Pflanzen vorzudringen.

Kudzu nimmt auch kaltes Wetter gelassen hin und verbreitet sich über unterirdische Rhizome und Samen, die mehrere Jahre überleben können, bevor sie treiben. Es erwürgt Bäume, erstickt Wiesen, untergräbt Häuser und reißt Stromleitungen nieder. Südstaatler sagen, sie schliefen bei geschlossenen Fenstern, damit sie sich nicht über Nacht ins Schlafzimmer schleicht.

Die Kletterpflanze bedeckt drei Millionen Hektar der Vereinigten Staaten. Der verursachte Schaden beträgt mittlerweile Hunderte Millionen Dollar. Auf dem Militärstützpunkt Fort Pickett in Virginia begrub Kudzu 80 Hektar des Trainingsgeländes unter sich. Nicht einmal ein Schlachtpanzer vom Typ M1 Abrams konnte sich seinen Weg durch den ungezügelten Wildwuchs bahnen.

Doch noch hat der Süden sich nicht ergeben. Aggressive Herbizide, Brandrodungen und wiederholter Kahlschlag können Kudzu gerade noch in Schach halten. Die

Südstaatler schlagen auch zurück, indem sie die Pflanze
verschlingen, die sie zu verschlingen droht: Gebratene
Kudzublätter, Kudzublüten-Marmelade und Kudzustengel-
Salsa machen das Beste aus einer schlechten Pflanze.

FAMILIENBANDE: Kudzu ist ein Schmetter-
lingsblütler und mit so nützlichen Pflanzen
wie Sojabohnen, Alfalfa und Klee verwandt.

RASEN DES TODES

Wer hätte gedacht, dass Gras so gefährlich sein kann?
Ein Rasen voller gemeiner Gräser kann Ihre
Haut mit rasiermesserscharfen
Blättern zerschneiden, Ihren
Hals mit Pollen verschließen,
Sie betrunken machen oder
mit Zyanid vergiften. Ein
besonders gemeines Gras
hat gar die geeigneten Fä-
higkeiten für einen Job im
Krematorium: Es geht in Flam-
men auf und treibt seine Samen und Ausläufer über die Asche.

JAPANISCHES BLUTGRAS   Imperata cylindrical

Die glänzenden grüngelben bis rötlichen Blätter wachsen über einen Meter hoch und verdrängen alles, was sich
ihnen in den Weg stellt. Jede Blattspitze enthält winzige
Silikatkristalle, die scharf und gezackt wie Sägezahnblätter
sind. Die Wurzeln dringen bis zu einen Meter tief und bilden stachelige Rhizome, die die Wurzeln anderer Pflanzen
malträtieren, so als strebe dieses Gras gierig nach der
Weltherrschaft.

Einige Botaniker vermuten, dass das Blutgras ein Gift
enthält, das seine Konkurrenten tötet. Doch notwendig
wäre das kaum: Die Waffe des Blutgrases ist Feuer. Aufgrund seiner hohen Entflammbarkeit brennen Wiesen,
auf denen Blutgras wächst, besonders schnell, heiß und
hell. (Ein einziger Funke einer Elektrosäge reichte aus, um

drei Hektar in Ocala, Florida, in Flammen aufgehen zu lassen.) Danach sprießen aus den verkohlten Überresten der Wurzeln junge Blutgräser wie Phönix aus der Asche und wachsen nach dem reinigenden Inferno stärker denn je. Wenn gerade kein Feuer in der Nähe ist, reicht aber auch die Kraft des Windes: Eine einzelne Pflanze kann Tausende von Samen bis zu hundert Meter weit streuen.

Das Blutgras fand in den 1940er-Jahren seinen Weg nach Amerika, als das Landwirtschaftsministerium die verblüffende Entscheidung traf, es gegen Erosionen und als Futtergras für Rinder anzubauen – trotz der Tatsache, dass das Gras kaum Nährwerte enthält und scharf genug ist, um Lippen und Zunge der Rinder zu verletzen. Es gedeiht im Süden der USA, bahnt sich aber langsam seinen Weg Richtung Norden.

LEERSIA HEXANDRA   Leersia hexandra

Ein Sumpfgras mit scharfen Blättern, im Südosten der USA weit verbreitet.

GOLDLEISTENGRAS   Spartina pectinata

In ganz Nordamerika zu Hause; wird ein bis zwei Meter hoch und hat scharfe gezahnte Spitzen, die ihm den Spitznamen »Darmschlitzer« einbrachten.

PAMPASGRAS   Cortaderia selloana

Eine invasive Geißel an der Küste Kaliforniens. Leicht entzündbar und so gut wie nicht auszurotten. Jede Pflanze bildet Millionen von Samen. Ihre schönen, fedrigen Rispen werden oft von naiven Touristen gesammelt, was der Verbreitung der Samen nur dienlich sein kann.

WIESEN-LIESCHGRAS   Phleum pratense

Ein klumpendes immergrünes Gras, das zwei wichtige Allergene enthält, die für die schlimmsten Formen von Heuschnupfen verantwortlich zeichnen. Wächst in vielen gemäßigten Zonen, so auch in Nordamerika, Deutschland und Österreich.

WIESEN-RISPENGRAS   Poa pratensis

Ein beliebtes Rasengras und der Grund für eine der schlimmsten Allergien der amerikanischen Vorstädte.

WILDE MOHRENHIRSE   Sorghum halepense

Das invasive Kraut wächst in allen Gebieten der USA und erreicht eine Höhe von bis zu 2,5 Metern. Junge Triebe enthalten genügend Zyanid, um ein Pferd zu töten. Der Tod tritt gnädigerweise sehr geschwind ein, normalerweise durch Herzinfarkt oder Lungenversagen, denen lediglich einige Stunden mit Angstzuständen, Krämpfen und Herumtorkeln vorausgehen.

TAUMEL-LOLCH   Lolium temulentum

Ein einjähriges Weidelgras, das weltweit entlang von Getreidefeldern wächst. Oft ist es von Pilzen infiziert, die die gleichen Symptome verursachen, als sei man betrunken. Vor zweitausend Jahren beschrieb Ovid die zerstörten

Felder eines Bauern folgendermaßen: »Der Lolch und die Distel / beherrschen / Nährende Weizengefild', und unaustilgbare / Quecke.«

MALA MUJER

CNIDOSCOLUS ANGUSTIDENS

FAMILIE: Euphorbiaceae (Wolfsmilchgewächse)
HABITAT: Trockene Wüstengebiete
VERBREITUNG: Arizona und Mexiko
NAMEN: Caribe, Böse Frau

Die Geschichte klingt wie aus einem Horrorfilm: Eine Gruppe Teenager geht in der mexikanischen Wüste wandern und kehrt mit seltsamen Hautausschlägen zurück. Am nächsten Tag geht eines der Mädchen wegen der roten juckenden Flecken auf ihrer Hand zum Arzt. Er verschreibt ihr Antihistamine, was ihre Beschwerden lindern sollte. Doch die Schmerzen werden nur noch schlimmer. Nach ein paar Tagen erscheint auf ihrem unteren Rücken ein schmerzender violettroter Abdruck in Form einer Hand.

Das Mädchen sucht schließlich einen anderen Arzt auf, der sie mit Steroiden behandelt. Endlich klingt die Entzündung ab, hinterlässt aber braune Pigmentflecken, die erst nach zwei Monaten verblassen. Doch was hat den Ausschlag verursacht? Es scheint, als sei die *Mala Mujer*, die »böse Frau« am Werk gewesen. Diese mehrjährige Wüstenpflanze hat den Giftsaft einer Euphorbia und die winzigen subkutanen Nadelhaare einer Brennnessel. Wahrscheinlich war das Opfer auf der Wanderung in eine Staude gestolpert, und ihr Freund muss Reste davon an seiner Hand gehabt haben, als er ihren Rücken berührte.

Niemand weiß, wie die Pflanze zu ihrem Namen kam, doch vielleicht löste eine Begegnung mit *Cnidoscolus angustidens* – oftmals als eine der schmerzhaftesten Pflanzen beschrieben, auf die man in der Wüste von Sonora stoßen kann – entsprechende Erinnerungen bei jenen aus, die schon einmal den Zorn einer wütenden Frau auf sich gezogen hatten. Der mehrjährige Busch wächst bis zu 80 Zentimeter hoch und bildet kleine weiße Blumen. Man erkennt ihn leicht an den ausgeprägten weißen Flecken auf den feinen Härchen, die die ganze Pflanze überdecken. Zwar handelt es sich um keine echte Nessel, doch sie verhält sich wie eine: Die feinen Härchen oder Trichome durchdringen die Haut ohne Probleme und geben winzige Mengen ihres schmerzhaften Gifts ab. Ein Forscher empfand den Schmerz, den ein Stich der Mala Mujer verursacht, als so qualvoll, dass er die Trichome »nukleare Glasdolche« nannte.

Einem Zeitungsbericht aus dem Jahr 1971 zufolge soll Mala Mujer in Mexiko zur »Behandlung« von Untreue zum Einsatz gekommen sein; einige Ehemänner brauten daraus einen Tee für ihre Frauen, der ihre sexuellen Triebe kontrollieren sollte. Die Frauen hatten derweil ein weitaus wirkungsvolleres Mittel für ihre untreuen Männer: ein halluzinogener, zuweilen auch tödlicher Tee aus den Samen des Stechapfels.

FAMILIENBANDE: Zwei Mitglieder der *Cnidoscolus*-Art werden manchmal fälschlicherweise den Brennnesseln zugeordnet: *C. texanus* ist im ganzen Süden der USA zu Hause, und *C. stimulosus* wächst im trockenen Buschland des Südostens. Beide können Übelkeit und Magenkrämpfe verursachen, von den unerträglichen Schmerzen ganz zu schweigen.

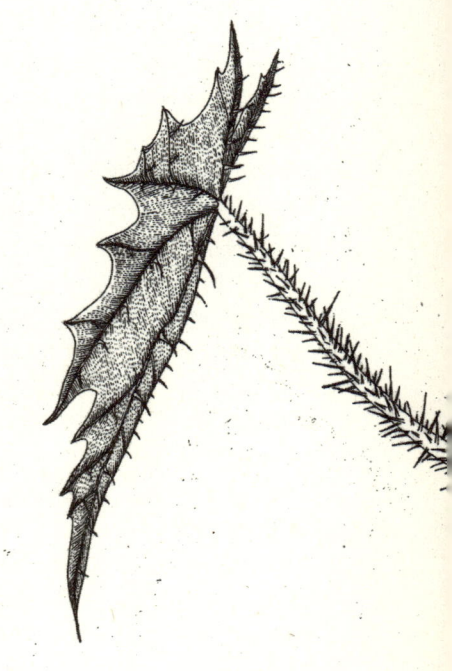

HERE COMES THE SUN

Phototoxische Pflanzen nutzen die Kraft der Sonne, um ihre schädliche Wirkung zu entfalten. Sie bilden einen Saft, der die Haut verbrennt, wenn sie der Sonne ausgesetzt wird. Der Verzehr dieser Pflanzen kann zudem die Anfälligkeit für Sonnenbrand erhöhen.

RIESEN-BÄRENKLAU   Heracleum mantegazzianum

Dieser krautige Eindringling der Doldenfamilie sieht aus wie der ältere Bruder der Wilden Möhre. Die robuste Pflanze wächst bis zu drei Meter hoch und verdrängt andere Pflanzen aus ihren angestammten Lebensräumen an Flüssen und Weiden. Sie ist eine der phototoxischsten Pflanzen, auf die man stoßen kann. Bringt man zum Beispiel den Stiel mit der menschlichen Haut in Kontakt, bildet sich innerhalb eines Tages eine rote Quaddel, die nach drei Tagen Blasen wirft. Die Wunde sieht so schlimm aus, als wäre sie durch eine schwere Verbrennung mit einem Zigarettenanzünder verursacht worden.

SELLERIE   Apium graveolens

Dieses Mitglied der Doldenblütler ist für eine Krankheit namens rosaroter Pilz (*Sclerotinia sclerotiorum*) anfällig. Sein wichtigster Abwehrmechanismus ist die erhöhte Produktion von phototoxischen Verbindungen, die den Pilz töten. Erntehelfer und Händler erleiden bei Sonnenschein regelmäßig Verbrennungen ihrer Haut, und auch Menschen, die viel Sellerie essen, sind in Gefahr. Ein Medizinjournalist berichtete vom Fall einer Frau, die Selleriewurzeln aß und anschließend ins Bräunungsstudio ging – sie verließ es mit einem schweren Sonnenbrand.

BERGSELLERIE   Peucedanum galbanum

Auch diese Pflanze zählt zu den Doldenblütlern und ihre Blätter ähneln jenen des Selleries. Die Pflanze wächst in Südafrika, und Touristen, die den Tafelberg bei Kapstadt besteigen, werden vor ihr gewarnt. Schon eine leichte Berührung kann eine allergische Reaktion hervorrufen, und Wanderer, die aus Versehen einen Zweig abbrechen, müssen mit schweren Ausschlägen rechnen, die durch den austretenden Milchsaft verursacht werden. Der Ausschlag erscheint erst nach zwei bis drei Tagen und verschlimmert sich in der Sonne. Die Blasen können den Unvorsichtigen über eine Woche quälen und braune Flecken hinterlassen, die noch nach Jahren zu sehen sind.

LIMETTEN   Citrus aurantifolia und andere

Limetten und einige andere Zitrusfrüchte enthalten phototoxische Verbindungen in den Öldrüsen der äußeren Rinde. Eine medizinische Zeitschrift berichtete von einer Gruppe Kinder, die bei einem Ausflug überraschend von Ausschlägen an Händen und Armen geplagt wurde. Die Ärzte fanden heraus, dass nur die Kinder betroffen waren, die an einem Bastelkurs teilgenommen hatten. Sie hatten Limetten mit Nelken gespickt, und durch die Stiche in die Limettenschale hatte sich das Öl der Frucht auf ihrer Haut verteilt und die Ausschläge ausgelöst.

Orangenmarmelade und andere Nahrungsmittel, die Zitrusschalen oder Zitrusöl enthalten, können ähnliche Reaktionen hervorrufen. Das Öl der Bergamotte, einer kleinen birnenförmigen Zitrusfrucht, ist ein beliebtes Duftmittel, das aber wie alle zitrushaltigen Parfums und Lotionen Verbrennungen auf der Haut verursachen kann.

MOKIHANA   Melicope anisata syn. Pelea anisata

Die Mokihana-Blüte ist die offizielle Blume der Hawaii-Insel Kauai. Ihre Besucher werden oft mit einer *Lei* genannten Kette aus den dunkelgrünen, zitrusähnlichen und traubengroßen Mokihana-Früchten beschenkt. Deren Öle sind allerdings stark phototoxisch: Innerhalb weniger Stunden kann sich an Hals und Brust ein schmerzhafter Ausschlag mit Blasen bilden. Zwar geht er von selbst zurück, doch der Abdruck der Früchte kann unter Umständen noch bis zu zwei Monate lang sichtbar bleiben.

KRÄUTERMITTEL

Viele Pflanzen, aus denen Kräutertees, Duftsträußchen, Lotionen und andere Rezepturen hergestellt werden, können phototoxische Reaktionen hervorrufen, auch wenn die Symptome sich erst Tage später äußern. Medizinische Fallstudien berichten von Reaktionen auf Johanniskraut, Rosmarin, Ringelblumen, Weinrauten, Chrysanthemen, Feigenblätter und andere Kräutermittel.

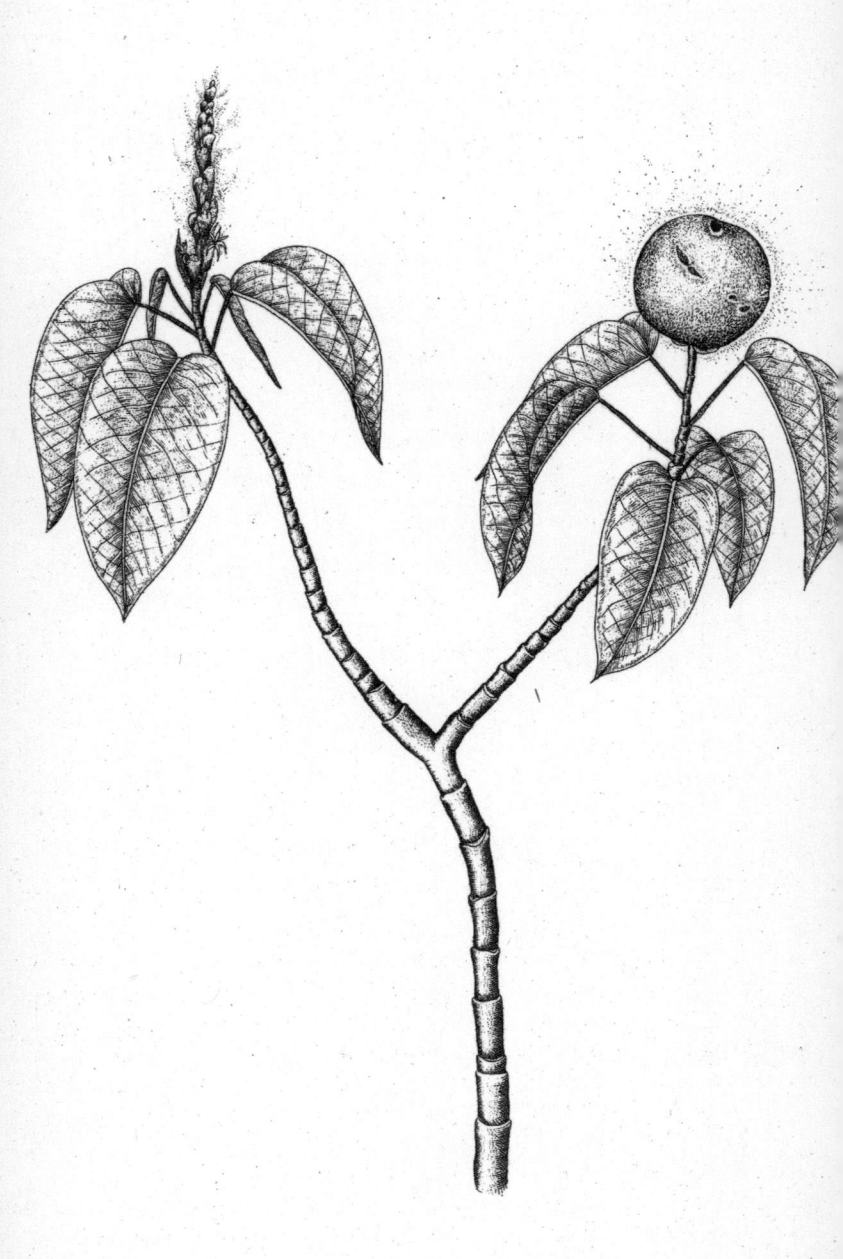

MANZANILLOBAUM

HIPPOMANE MANCINELLA

FAMILIE: Euphorbiaceae (Wolfsmilchgewächse)
HABITAT: Strände auf tropischen Inseln und die
                  Everglades in Florida
VERBREITUNG: Karibische Inseln
NAMEN: Strandapfel, Mancinellenbaum

Touristen, die an den Küsten der Karibik oder Mittelamerikas Urlaub machen, werden regelmäßig vor den Gefahren des Manzanillobaums gewarnt. Als Mitglied der Euphorbiaceae produziert er einen extrem hautreizenden Milchsaft, der austreten kann, wenn dem Baum ein Zweig abgerissen wird. Zudem bildet er eine giftige Frucht, die Blasen im Mund verursacht und den Rachen bis zum Verschluss anschwellen lässt. Selbst das Faulenzen unter dem Baum kann gefährlich sein: Scheinbar harmloses Tropfwasser kann Ausschläge und Jucken auslösen.

Doch viele Touristen können dem Baum trotzdem einfach nicht widerstehen. So glaubte eine Radiologin trotz ihrer medizinischen Ausbildung eine grüne Frucht probieren zu müssen, die sie am Strand auf Tobago gefunden hatte. Der erste Biss war süß und saftig wie bei einer Pflaume. Doch schon nach wenigen Minuten verspürte sie ein Brennen im Mund. Und bald verschloss sich ihr Hals so fest, dass sie kaum noch schlucken konnte. Das naheliegendste Gegenmittel, eine Piña Colada, half ein wenig, doch wohl nur aufgrund der darin enthaltenen Milch.

James Cook entdeckte den Baum auf einer seiner Reisen, und auch ihm und seiner Mannschaft blieben unangenehme Erfahrungen nicht erspart. Weil sie Vorräte benötigten, befahl Cook den Männern, Frischwasser zu besorgen und Manzanillobäume zu fällen. Einige der Matrosen begingen den Fehler, sich die Augen zu reiben, woraufhin sie angeblich für zwei Wochen erblindeten. Es gibt keine Aufzeichnungen darüber, ob sie das Holz verbrannten, doch wenn, dann wäre der aufziehende Rauch besonders ungesund gewesen.

Die Kräfte des Manzanillobaums wurden in Kunst und Sage allerdings übertrieben dargestellt. Der Baum schaffte es 1865 gar in Giacomo Meyerbeers Oper *Die Afrikanerin*. Darin liebt eine Inselkönigin mit gebrochenem Herzen heimlich einen Entdecker, wirft sich gegen einen Manzanillobaum und singt bis zum letzten Atemzug:

> *Dein freundlicher Duft, so heißt es, führt zu unheilvollem Glück,*
> *Das für einen Augenblick in den Himmel führt*
> *Und danach in den endlosen Schlaf.*

FAMILIENBANDE: Der Manzanillo ist Mitglied der Wolfsmilchgewächse, zu denen zahlreiche Bäume und Sträucher gehören, die einen giftigen Milchsaft produzieren.

JETZT MAL KURZ WEGSEHEN

*Viele Pflanzen, die Hautausschlä-
ge verursachen oder kleine, hautreizende Dornen tragen, können
auch den Augen schaden – bis hin
zur Erblindung. Hier einige der ab-
schreckendsten Beispiele:*

GIFTSUMACH   Toxicodendron vernix

Die meisten Menschen im Osten der USA wissen, dass
man Giftsumach, einem nahen Verwandten des Giftefeus
und der Gifteiche, besser aus dem Weg geht. Doch ein
junger Mann musste es auf die harte Tour lernen. Im Jahr
1836 lief der 14-jährige Frederick Law Olmsted in einen
Giftsumach und war danach am ganzen Körper mit
Milchsaft bedeckt. Sofort schwoll sein Gesicht an und er
konnte seine Augen nicht mehr öffnen.

Nach einigen Wochen hatte er sich einigermaßen erholt, doch seine Sehkraft blieb lange Zeit beeinträchtigt.
Über ein Jahr konnte er die Schule nicht besuchen, und
seinen Aufzeichnungen ist zu entnehmen, dass ihn die
Augenprobleme noch viele Jahre später quälten. Doch
vielleicht brauchte der Junge diese Auszeit, um sein Interesse an der Natur zu entdecken, das ihm schließlich eine
Karriere als visionärer Landschaftsarchitekt ermöglichte.
»Während sich meine Klassenkameraden auf das College
vorbereiteten, konnte ich meiner ausgeprägten Neigung

140

nachgeben, querfeldein zu stromern und unter Bäumen meinen Träumen nachhängen.« War ein Jahr der Tagträume notwendig, um den New Yorker Central Park zu ersinnen, den Olmstedt zwanzig Jahre später entwarf?

BESENRAUKE — Descurainia pinnata

Diese unscheinbare Einjährige wird 60 bis 100 Zentimeter hoch und bildet im Frühjahr kleine gelbe Blüten. Sie wächst auf trockenen Feldern und in Wüsten der USA. Ihr bitterer Geschmack hält Menschen davon ab, sie zu essen, doch Viehherden grasen auf ihnen – mit tödlichen Konsequenzen. Ihre Zungen werden gelähmt. Sie beginnen, ihren Kopf gegen harte Gegenstände wie Zäune zu werfen. Schließlich erblinden sie. Kopfschmerzen, die Lähmung der Zunge und die Blindheit machen es den Tieren unmöglich, zu essen oder zu trinken, sodass sie schließlich an Nahrungsmangel und Dehydrierung sterben.

MILCHIGE MANGROVE — Excoecaria agallocha

Dieser australische Mangrovenbaum – ein weiteres Mitglied der stark reizenden Euphorbiaceae-Familie – hat sich seinen englischen Zweitnamen »Blind-your-eye« mehr als verdient: Sein Milchsaft kann zu temporärer Erblindung, Verbrennungen und Jucken führen. Auch der Rauch der brennenden Pflanze irritiert die Augen.

JUCKBOHNE — Mucuna pruriens

Im Jahr 1985 rief ein Paar aus New Jersey einen Krankenwagen, weil beide an schweren Ausschlägen litten. Als

Ursache nannten sie mysteriöse pelzige Samenkapseln, die sie in ihrem Bett gefunden hatten. Die Sanitäter wiesen schon bald dieselben Symptome auf, und alle mussten noch in der Notaufnahme behandelt werden. Eine Krankenschwester begann sich sogar zu kratzen, nur weil sie einen der Patienten berührt hatte. Die Wohnung des Paars musste inklusive aller Teppiche und Stoffe dekontaminiert werden. Die Hülsen stammten von der Juckbohne.

Die Juckbohne ist eine tropische Kletterpflanze aus der Familie der Bohnen und Erbsen. Sie bildet 10 Zentimeter lange, hellbraun behaarte Samenkapseln, die von sage und schreibe 5000 stechenden Härchen bedeckt sind. Selbst Exemplare, die seit Jahrzehnten in Museen aufbewahrt werden, können noch schweren Juckreiz auslösen. Sollte einer der winzigen Stacheln ins Auge geraten, kann er eine kurzzeitige Erblindung auslösen.

RHODOMYRTUS MACROCARPA — Rhodomyrtus macrocarpa

Von diesem kleinen australischen Baum hieß es lange, er würde bei Menschen, die seine roten Früchte essen, eine dauerhafte Erblindung verursachen. Mehrere Zeitungen berichteten von Kindern, die Anfang des 20. Jahrhunderts erblindeten, und 1945 meldete eine Zeitung, dass 27 Soldaten aus Neuguinea ihr Augenlicht verloren, nachdem sie von den Früchten gekostet hatten. Ein möglicher Grund könnte ein Pilz namens *Gloesporium periculosum* sein, der den Baum befällt. Doch Australier werden sich hüten, das Risiko auf sich zu nehmen und überhaupt von den (bisweilen auch pilzfreien) Früchten zu kosten.

ENGELSTROMPETEN   Brugmansia spp.

Dieser südamerikanische Verwandte des Stechapfels kann alarmierende Fälle von »Gärtner-Mydriase« oder exzessiver Pupillenerweiterung hervorrufen. Manchmal weitet sich die Pupille bis an den Rand der Iris, was das Sehen beinahe unmöglich macht. Der Effekt ist so furchteinflößend, dass Betroffene oft vor allem aus Angst vor einem Hirn-Aneurysma einen Notarzt rufen.

Ein Fall aus der jüngeren Zeit berichtet von einem sechs Jahre alten Mädchen, das im heimischen Garten aus einem Planschbecken gefallen war. Seine Eltern bemerkten die erweiterten Pupillen und fuhren es ins Krankenhaus. Die Ärzte fragten, ob das Kind mit Giftpflanzen in Berührung gekommen sein könnte, was die Eltern verneinten. Später, nach einer Reihe medizinischer Tests, erinnerte sich das Mädchen, dass sie nach einer Pflanze gegriffen hatte, als sie stürzte.

Die Alkaloide der Engelstrompeten und Stechäpfel können über die Haut absorbiert oder unabsichtlich in die Augen gerieben werden, und so diese zwar temporären, aber deshalb nicht weniger erschreckenden Sehbehinderungen auslösen.

MARIHUANA

CANNABIS SATIVA

FAMILIE: Cannabaceae (Hanfgewächse)
HABITAT: Offene, sonnig-warme Gebiete wie Wiesen und Felder
VERBREITUNG: Asien
NAMEN: Ganja, Gras, Hanf, Haschisch

Cannabis wird seit mindestens 5000 Jahren von Menschen konsumiert, aber erst in den letzten 70 wurde sein Gebrauch reguliert oder verboten. Hanffasern (von Cannabissorten mit sehr geringem THC- oder Tetrahydrocannabinol-Gehalt und damit als Droge wertlos) wurden bei Ausgrabungen von Höhlenwohnungen in ganz Asien gefunden. Der römische Arzt Dioscurides beschrieb 70 n. Chr. die medizinischen Eigenschaften der Pflanze in seinem Arzneimittelkompendium *De materia medica*. Der Gebrauch von Cannabis breitete sich von Indien über Europa bis in die Neue Welt aus, wo frühe Siedler die Pflanze anbauten, weil ihnen der Handel mit ihr lukrativ schien. Die ersten Entwürfe der Unabhängigkeitserklärung wurden auf Hanfpapier verfasst, Hanf fand auch in damaligen rezeptfreien Medikamenten Verwendung und wurde in Manhattan zwischen 1864 und 1900 sogar als Bonbon verkauft. Es hieß »Arabian Gunje of Enchantment«, das »äußerst vergnügliche und harmlose Genussmittel«.

Diese krautige einjährige Pflanze wird drei bis viereinhalb Meter hoch und bildet ein klebriges, berauschendes Harz, aus dem auch Haschisch hergestellt wird. Alle Pflanzenteile enthalten THC, eine psychoaktive Verbindung, die eine leichte Euphorie, Entspannung und das Gefühl hervorruft, dass die Zeit sehr langsam vergeht. Höhere Dosen können auch zu Paranoia und Angstzuständen führen, doch die meisten Symptome vergehen innerhalb weniger Stunden. Cannabis gilt nicht als tödliche Pflanze – außer wenn sie bei Autounfällen, Überfällen und, im Eigenanbau, bei Bränden der Homegrow-Boxen eine Rolle spielt.

Die Taxonomie von Cannabis ist unter Botanikern bis heute umstritten. Einige behaupten, *Cannabis sativa*, *C. indica* und *C. ruderalis* seien drei eigenständige Arten, während andere glauben, dass *C. sativa* die einzige Gattungsart ist, die mehrere Unterarten haben kann. All diese Arten oder Unterarten können jedoch Hanf oder Marihuana genannt werden. Neben seinem Gebrauch als Faser für Kleidung und Papier wurde auch der mögliche Einsatz von Hanf als Biotreibstoff untersucht. Die Samen werden zudem als Nahrungsmittel gebraucht, da sie Eiweiß, wertvolle Fettsäuren und Vitamine enthalten.

Einige Historiker vertreten die These, dass die Motivation zur Kriminalisierung von Cannabis aus den Kulturkriegen im frühen 20. Jahrhundert zu erklären ist. Der Gebrauch von Marihuana war unter Jazzmusikern, Künstlern, Schriftstellern und anderen Tunichtguten beliebt. In den USA wurde er 1937 durch den *Marihuana Tax Act* reguliert, damals aber noch nicht verboten. Der Beginn der Beat-Bewegung mag den Einschnitt markieren, als konservative Kräfte das teuflische Kraut endgültig den Händen der amerikanischen Jugend zu entreißen suchten. 1951 wurde es dann im Zuge des *Boggs Acts* verboten.

Heute ist der Gebrauch von Marihuana in den meisten Ländern der Welt verboten oder streng reguliert. Trotzdem hat eine Untersuchung der amerikanischen Gesundheitsbehörde ergeben, dass 97 Millionen der über 12-Jährigen, also etwa ein Drittel aller Amerikaner, mindestens einmal in ihrem Leben Marihuana geraucht haben. 35 Millionen, also mehr als zehn Prozent der Bevölkerung, hatten es sogar im vergangenen Jahr konsumiert. Die Vereinten Nationen schätzen, dass knapp vier Prozent der Weltbevölkerung, das wären circa 240 Millionen Menschen, die Droge regelmäßig konsumieren.

Illegal angebaut wird Cannabis auf vermutlich mehr als 200 000 Hektar weltweit, bei einem Ernteertrag von jährlich 42 000 Tonnen, was einem Wert von 400 Milliarden US-Dollar entspricht. Der Produktionswert in den USA wird auf 35 Milliarden Dollar geschätzt, während der Wert der nationalen Maisernte bei 22,6 Milliarden Dollar und der eines weiteren gemeinen Gewächses, Tabak, bei nur 1 Milliarde Dollar liegt. Trotz seiner Bedeutung als sogenanntes *Cash Crop* (also eine mehr oder weniger gewerblich angebaute Pflanze) ist Cannabis auch ein Unkraut. Laut US-Drogenbehörde wurden 2005 4,2 Millionen kultivierte Pflanzen vernichtet. Viel höher noch liegt die Zahl der 218 Millionen vernichteten wild wachsenden Grabenpflanzen, die von der Behörde als Marihuanapflanzen gekennzeichnet werden. (Und die zum Großteil sogenanntes *Ditchweed* sind, im Allgemeinen eine Hanfsorte, die aus den Jahren stammt, als der Hanfanbau noch legal war.) Demnach sind 98 Prozent der Maßnahmen zur Hanfvernichtung in den USA streng genommen Unkrautbekämpfung.

FAMILIENBANDE: Hopfen (*Humulus lupulus*) wird zum Bierbrauen verwendet und stammt aus derselben Familie wie Cannabis. Soweit bekannt, ist Hopfen nicht berauschend, wenngleich die Knospen eine leicht beruhigende Wirkung haben können. Die ebenfalls verwandten Zürgelbäume (*Celtis spp.*) sind eine nordamerikanische Zierbaumart.

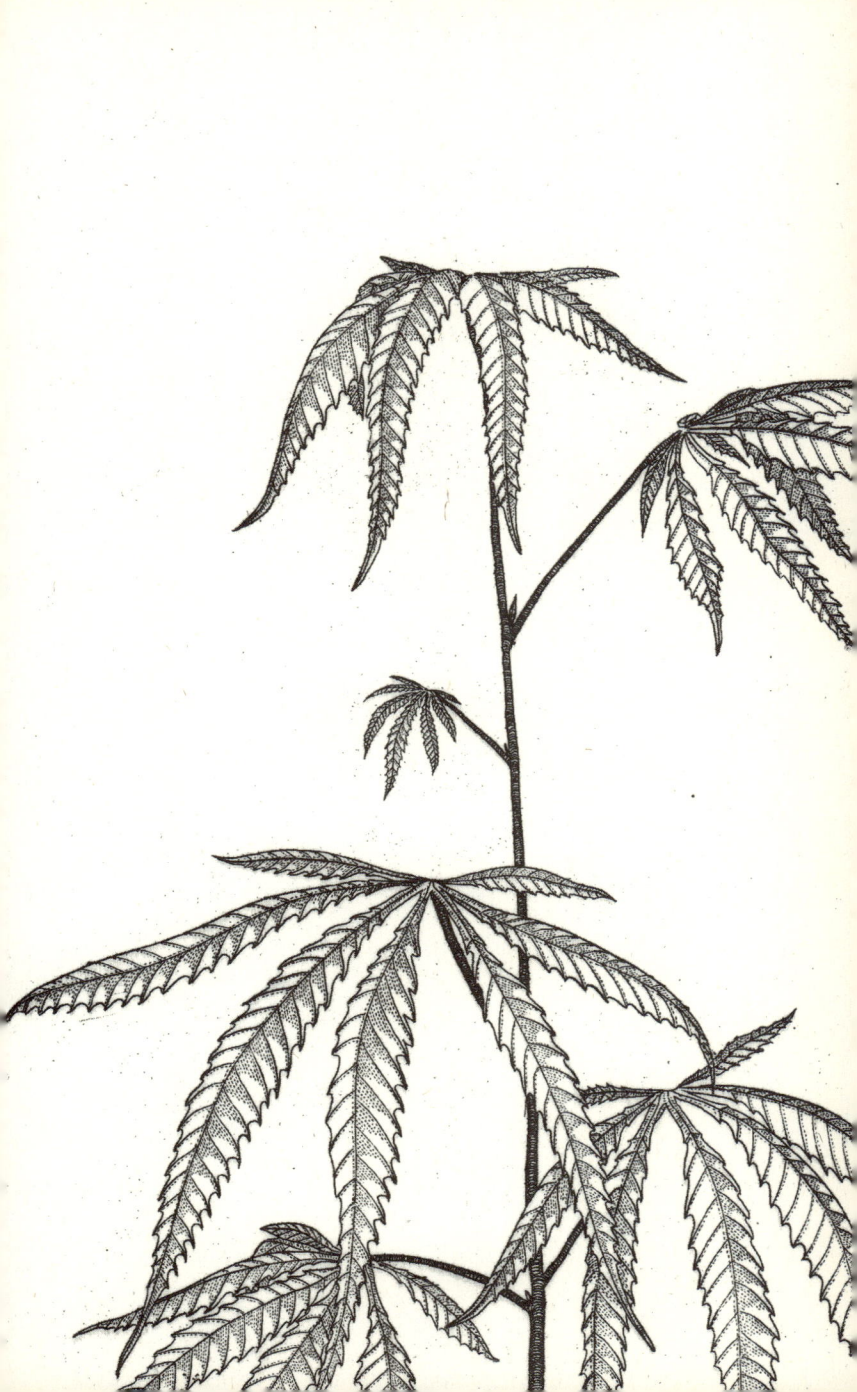

MUTTERKORN

CLAVICEPS PURPURA

FAMILIE: Clavicipitaceae (Mutterkornpilze)
HABITAT: In den Ähren von Getreide, z. B. Roggen,
                  Weizen und Gerste
VERBREITUNG: Europa
NAMEN: Ergot, Tollkorn, Purpurroter Hahnepilz

Historiker fragen sich bis heute, was die Ursache jenes merkwürdigen Benehmens gewesen sein könnte, das acht jungen Mädchen aus Salem im Winter 1691/92 den Vorwurf einbrachte, vom Teufel besessen und der Hexerei kundig zu sein. Alle acht Mädchen wurden von Zuckungen erfasst, stammelten wirres Zeug und klagten über unheimliche Gefühle auf der Haut. Die Ärzte waren ratlos, und so hatte die Medizin nur eine Erklärung parat: Eine Hexe musste die Mädchen verzaubert haben.

Fast 300 Jahre später hatte ein Forscher eine andere Idee. Das Mutterkorn, ein giftiger Pilz, der Roggen befällt und Brot verdirbt, könnte das bizarre Verhalten der Mädchen erklären.

Mutterkorn ist ein parasitischer Pilz, der in den Ähren von Getreidegräsern wie Roggen oder Weizen wächst. Es gedeiht unter feuchten Bedingungen und kann das Aussehen des von ihm befallenen Getreidekorns annehmen. Dabei formt es eine gehärtete Masse, Sklerotium, und ernährt schlafende Sporen, die es bei geeigneten Bedingungen aktiviert. Millionen von Mutterkornsporen können mit der Gersten- oder Weizenfrucht in die Ernte gelangen, und das Brot, das aus diesen Körnern gebacken wird, kann eine so hohe Anzahl von Pilzen enthalten, dass jeder, der davon isst, infiziert wird – wie etwa gewisse junge Mädchen, die während eines außergewöhnlich nasskalten Winters in Salem lebten.

Die Alkaloide im Mutterkorn verengen die Blutgefäße, was zu Krämpfen, Übelkeit, Gebärmutterverengung und schließlich zu Wundbrand und Tod führen kann. Lange bevor Albert Hofmann aus dem Mutterkorn Lysergsäure gewann und LSD herstellte, hatten Menschen, die sich mit Ergotismus infizierten, LSD-ähnliche Horror-Trips. Hysterie, Halluzinationen und das Gefühl, dass etwas direkt unter der Haut krabbelt, sind Anzeichen einer Mutterkornvergiftung.

Zeugnisse, die bis ins Mittelalter zurückreichen, zeigen, dass von Zeit zu Zeit ganze Dörfer einer mysteriösen Krankheit erlagen. Die Dorfbewohner fingen an, auf den Straßen zu tanzen, sie wurden von Zuckungen erfasst und kollabierten schließlich. Diese »Tanzmanie« nannte man bisweilen auch Antoniusfeuer, ein möglicher Hinweis auf die schrecklichen Verbrennungsgefühle der Opfer und die folgenden Brandblasen und Häutungen. Man glaubt, dass die Krankheit zu ihrer Zeit mehr als 50 000 Menschen getötet hat. Auch Viehherden waren vor ihr nicht sicher: Kühe, die mit infiziertem Getreide gefüttert wurden, verloren ihre Hufe, Schwänze und sogar Ohren, bevor sie letztlich starben.

Der Zusammenhang zwischen diesem seltsamen Verhalten und Mutterkornverseuchungen wurde in Europa gerade zu dem Zeitpunkt entdeckt, als in Salem die Hexenprozesse begannen, doch es ist unwahrscheinlich, dass die Nachricht von dieser revolutionären Erkenntnis die Kolonien bereits erreicht hatte. Letztlich wurden 19 Menschen zum Tod am Galgen verurteilt. Man beschuldigte sie, die Mädchen verzaubert zu haben. Sie alle beteuerten ihre Unschuld.

Hätte doch nur einer daran gedacht, den Bäcker der Stadt anzuhören. Den Wetter- und Ernteberichten, aber auch den Symptomen der Mädchen nach zu urteilen, ist es sehr wohl möglich, dass die ganze Raserei durch einen Ausbruch des Mutterkorns in diesem ungewöhnlich nassen Winter verursacht wurde – vor allem, wenn man bedenkt, dass ihre Hysterie genauso schnell verschwand, wie sie gekommen war.

Ausbrüche von Ergotismus sind mittlerweile sehr selten, von einigen Fällen im 20. Jahrhundert abgesehen. Es gibt noch Roggensorten, die nicht gegen das Mutterkorn resistent sind, doch die Roggenbauern spülen ihre Ernte heutzutage in einer Salzlösung, die den Pilz tötet.

FAMILIENBANDE: Es gibt mehr als 50 Mutterkornsorten, und jede von ihnen hat ihr ganz spezielles Lieblingsgras oder -getreide.

OLEANDER

NERIUM OLEANDER

FAMILIE: Apocynaceae (Hundsgiftgewächse)

HABITAT: Tropische, subtropische und gemäßigte Klimazonen, in der Regel an trockenen sonnigen Standorten und in ausgetrockneten Flussbetten

VERBREITUNG: Mediterrane Gebiete

NAMEN: Rosenlorbeer

Im Jahr 77 n. Chr. beschrieb Plinius der Ältere den Oleander: »Er behält beständig sein Laub, hat Ähnlichkeit mit der Rose und einen strauchigen Stengel. Für das Zugvieh, die Ziegen und Schafe ist er ein Gift; der Mensch aber gebraucht ihn als Heilmittel gegen das Gift der Schlangen.«

Plinius mag zwar der einflussreichste Botaniker seiner Zeit gewesen sein, doch beim Oleander hat er sich geirrt. Die einzige Erleichterung, die Oleander Schlangenopfern bringen könnte, wäre ein schneller und gnädiger Tod. Der hochgiftige Strauch ist aufgrund seiner roten, rosa, gelben oder weißen Blüten in warmen Gegenden weltweit beliebt. Weil er so weit verbreitet wächst, wurde über die Jahre eine überraschend hohe Zahl von Morden und Unfalltoden mit ihm in Verbindung gebracht. Eine bekannte Mär erzählt von Campern, die gestorben sind, nachdem sie Fleisch über einem Lagerfeuer gegrillt und hierfür Spieße aus Oleanderzweigen verwendet hatten. Die Geschichte ist nicht belegt, aber die Giftstoffe in Saft und Rinde des Oleanders können Lebensmittel durchaus vergiften.

Oleander enthält Oleandrin, ein Herzglykosid, das Schwindel und Brechreiz, schwere Schwächeanfälle, unregelmäßigen Pulsschlag und einen verlangsamten Herzschlag verursacht, der schnell zum Tod führt. Er ist auch für Tiere giftig: Obwohl seine Blätter bitter schmecken, können Katzen oder Hunde in Versuchung geraten, daran zu knabbern. Das Inhalieren von Rauch, der von brennendem Oleanderholz stammt, kann die Atemwege reizen und selbst der Honig aus dem Nektar der Pflanze kann giftig sein. Eine Studie über Kompost aus Oleander zeigt, dass nachweisbare Mengen des Oleandrin zwar bis zu 300 Tage im Kompost verbleiben, dass aber das darin wachsende Gemüse die Giftstoffe nicht absorbiert.

Vor allem für Kinder ist das Risiko groß, genügen doch einige wenige Blätter, um sie zu töten. Im Jahr 2000 wurden zwei Kleinkinder aus Südkalifornien tot in ihren Bettchen aufgefunden, nachdem sie auf Oleanderblättern gekaut hatten. Nur wenige Monate später versuchte eine Frau aus Südkalifornien, sich die Lebensversicherung ihres Mannes zunutze zu machen, indem sie ihm Oleanderblätter unter das Essen mischte. Er wurde mit schweren Magen-Darm-Beschwerden ins Krankenhaus eingeliefert, überlebte aber. Als er sich gerade erholt hatte, brachte die Frau ihr Werk zu Ende, indem sie ihm ein mit Frostschutzmittel verfeinertes isotonisches Getränk anbot. Heute zählt sie zu den 15 in Kalifornien zum Tode verurteilten Frauen, ist aber die Einzige unter ihnen, die bei einem Mordversuch Pflanzen eingesetzt hat.

Selbstmordversuche mit Oleander tauchen in der medizinischen Fachliteratur regelmäßig auf. Besonders häufig sind Bewohner von Pflegeheimen betroffen, wohl weil die Pflanze unter Landschaftsarchitekten sehr populär und unter älteren Menschen als Giftpflanze bekannt ist. In Sri Lanka ist eine verwandte Art, der Gelbe Oleander (*Thevetia peruviana*), vor allem unter Frauen das derzeit populärste Selbstmordmittel. Neuere Studien erwähnen mehr als 1900 Fälle von Krankenhauspatienten, die sich mit Gelbem Oleander vergiftet haben. Zwar starben nur etwa 5 Prozent der Patienten, doch die Älteren unter ihnen waren überdurchschnittlich erfolgreich. Das könnte an ihrer natürlicherweise schlechteren körperlichen Verfassung liegen, aber auch an ihrer Entschlossenheit: Sie neigten dazu, mehr Samen zu schlucken als die Jungen.

Leider hat Oleander auch einen Ruf als Heilpflanze, was Menschen mit Krebs- oder Herzerkrankungen dazu verleitet, Oleandersuppe oder -tee nach Rezepten aus dem Internet auszuprobieren. Diese Praxis ist hochgradig gefährlich. Es gab Versuche, ein Extrakt namens Anvirzel zu vermarkten, das aber von der *US-Food and Drug Administration* nicht freigegeben wurde.

FAMILIENBANDE: Zu den anderen blühenden Bäumen und Sträuchern dieser Familie gehören die duftende Plumeria, der hochgiftige Schellenbaum, das Immergrün und der Gelbe Oleander, *Thevetia peruviana*.

VERBOTENE GÄRTEN

Gefährliche Pflanzen lauern nicht nur im Amazonas oder im tropischen Dschungel. Man kann sie auch im Gartencenter nebenan erwerben, wo sie oftmals nicht einmal als Giftpflanzen gekennzeichnet sind. Wenn Sie sich nicht sicher sind, fragen Sie nach – und ermahnen Sie Ihre Kinder, an nichts zu knabbern, was nicht schon einmal auf dem Esstisch stand. Für folgende giftige Schönheiten müssen Sie einfach nur Ihren eigenen Garten aufsuchen:

AZALEEN UND RHODODENDREN   Rhododendron spp.

Diese beliebte Gruppe von Sträuchern umfasst mehr als 800 Arten und Tausende von Unterarten. Das Gift Grayanotoxin kann in Blättern, Blüten, Nektar und Pollen nachgewiesen werden. Der Verzehr aller Pflanzenteile kann Herzprobleme, Erbrechen, Schwindel und extreme Schwäche hervorrufen. Auch Honig aus Rhododendren kann giftig sein. Plinius der Ältere fragte sich, warum die Natur die Bildung giftigen Honigs erlauben sollte und schrieb um 77 n. Chr.: »Was wollte sie anderes, als die Menschen vorsichtiger und wenig begierig machen?«

GEWÖHNLICHE ROBINIE — Robina pseudoacacia

Dieser ursprünglich aus Nordamerika stammende Baum bildet ähnlich wie die Glyzinie Trauben rosa-, lila- oder cremefarbener Blüten, doch seine Zweige sind von scharfen Dornen bedeckt und bis auf die Blüten sind alle seine Teile giftig. Das Toxin Robin ähnelt Rizin und Abrin (das Castorbohnen bzw. Paternostererbsen produzieren), und obwohl Robin milder ist, kann es zu schwachem Puls, Magenbeschwerden, Kopfschmerzen und Kälte in den Gliedern kommen. Die Rinde ist im Herbst besonders giftig.

COLCHICUM oder HERBSTZEITLOSE — Colchicum spp.

Diese blühenden Pflanzen werden manchmal auch als Herbstkrokus oder Wiesensafran bezeichnet, sind aber weder echte Krokusse, noch produzieren sie Safran. Die Knollen bilden im Herbst liebliche rosa oder weiße Blüten, doch alle Pflanzenteile sind giftig. Dieses Gift stammt von dem Alkaloid Colchicin, das quälende Durstgefühle, Fieber, Erbrechen und Nierenversagen verursacht. Herbstzeitlose wurden seit Urzeiten als Mittel gegen Gicht verwendet und waren als Wirkstoff in homöopathischen Medikamenten beliebt, bis die Behördliche Lebensmittelüberwachung FDA sie nach einer Reihe von Todesfällen in Oregon 2007 aus dem Verkehr zog. In Deutschland wird Colchicum allerdings noch häufig als homöopathisches Medikament verschrieben.

SEIDELBAST   Daphne spp.

Sträucher, die im blütenarmen Winter und zu Frühlingsbeginn wegen ihrer winzigen Trauben intensiv duftender Blüten beliebt sind. Mit ein oder zwei Zweiglein können Sie einen ganzen Raum parfümieren. Der Milchsaft kann die Haut reizen, und alle Teile der Pflanze sind giftig. Schon wenige der leuchtend roten oder gelben Beeren können ein Kind töten. Wer überlebt, leidet oft unter Reizungen im Rachenbereich, inneren Blutungen, Schwäche und Erbrechen.

FINGERHÜTE   Digitalis spp.

Niedrig wachsende zweijährige oder ausdauernde Pflanzen mit atemberaubenden Blütenständen trompetenförmiger Blumen in weißen, lavendelfarbenen, rosa und gelben Farbtönen. Alle Teile der Pflanze können die Haut reizen und bei Verzehr schwere Magenverstimmungen, Delirium, Zittern, Krämpfe, Kopfschmerzen und tödliche Herzbeschwerden verursachen. Die Pflanze bildet das Glykosid Digoxin, das zur Herstellung des Herzmittels Digitalis verwendet wird.

NIESWURZ   Helleborus spp.

Diese niedrig wachsende Mehrjährige bildet ein dunkelgrünes Blattwerk und wunderschöne fünfblättrige Blüten in blassgrünen, weißen, rosa, roten und kastanienbraunen Tönen, die im Winter und zu Frühlingsanfang blühen. Alle Pflanzenteile sind giftig. Der Milchsaft reizt die Haut und gelangt er in den Körper, zählen Brennen im

Mund, Erbrechen, Schwindel, ein Abfall des Nervensystems und Krämpfe zu den Symptomen. Die Pflanze war einst als Medizin sehr beliebt, und eine Theorie über den Tod Alexanders des Großen besagt, dass man ihm kurz zuvor Nieswurz verschrieben hatte. Einige Historiker glauben, dass der Erste Heilige Krieg (595–585 v. Chr.) erst gewonnen werden konnte, als eine griechische Militärallianz den Wasservorrat der Stadt Kirrha mit Nieswurz vergiftet hatte. Dies wäre einer der ersten historisch belegten Fälle chemischer Kriegsführung.

HORTENSIEN   Hydrangea spp.

Ein beliebter Gartenstrauch, der für seine enormen Trauben blauer, rosa, grüner oder weißer Blüten geliebt wird, aber geringe Mengen Zyanid enthält. Zwar sind Vergiftungen selten und die Blumen werden zur Kuchenverzierung verwendet, doch dies bedeutet keineswegs, sie seien essbar. Zu den Symptomen gehören Erbrechen, Kopfschmerzen und Muskelschwäche.

WANDELRÖSCHEN   Lantana spp.

Ein beliebtes, niedrig wachsendes Immergrün, das Schmetterlinge anzieht und den ganzen Sommer in roten, orange- und purpurfarbenen Tönen blüht. Die Beeren sind am giftigsten, wenn sie noch grün sind. Ihr Verzehr kann zu Sehstörungen, Schwäche, Erbrechen, Herzstörungen und zum Tod führen.

LOBELIEN   Lobelia spp.

Zur Gattung der Lobelien gehören eine Reihe beliebter Gartenpflanzen, darunter die kompakte, leuchtend blaue *L. erinus* (Männertreu), eine einjährige Freilandpflanze, die aus Containern hervorwächst, die dornige hellrote *L. cardialis*, die in Sumpfgebieten gedeiht, und die tropische *L. tupa*, die oft als »des Teufels Tabak« bezeichnet wird. Eine andere Art, die *L. inflata* oder Indianischer Tabak, hat sich im Englischen auch den Namen *vomitwort* (Speipflanze) verdient. Die Gifte in Lobelien, Lobelamin und Lobelin, weisen große Ähnlichkeit mit Nikotin auf und können bei Verzehr Herzkrankheiten, Erbrechen, Zittern und Lähmungserscheinungen verursachen.

GELBER JASMIN oder CAROLINA-JASMIN   Gelsemium sempervirens

Eine immergrüne Kletterpflanze aus dem amerikanischen Südwesten. Sie ist aufgrund ihrer hellgelben, trompetenförmigen und duftenden Blüten ein beliebter Kletter- und Bodenbewuchs und wurde vom US-Bundesstaat South Carolina zur Landesblume auserkoren. Alle Pflanzenteile sind giftig. Es sind schon Kinder gestorben, weil sie die Pflanze mit dem populären Geißblatt verwechselt und versucht hatten, den Nektar aus ihren Blüten zu saugen. Sowohl Pollen als auch Nektar können für Bienen schädlich sein, wenn sie den Gelben Jasmin mangels Alternativen zu häufig ansteuern.

PATERNOSTERERBSE

ABRUS PRECATORIUS

FAMILIE:	Fabaceae (Hülsenfrüchtler)
HABITAT:	Trockene Böden, niedrige Lagen, tropische Klimazonen
VERBREITUNG:	Tropisches Afrika und Asien; eingebürgert in tropischen und subtropischen Regionen weltweit
NAMEN:	Kranzerbse, Abrusbohne, Krebsauge

In Zukunft wird eine gewöhnliche tropische Pflanze eine wichtige Rolle bei der Vorhersage unseres Wetters spielen«, berichtete 1908 die *Washington Post*. Bei dieser Pflanze handelte es sich um *Abrus precatorius* und ihr nimmermüder Patron war Joseph Nowack, Baron von Friedland aus Wien. Der Baron wollte in der ganzen Welt botanische Wetterstationen einrichten, in denen diese mysteriöse Liane gezüchtet und genauestens auf Wettermuster hin untersucht werden sollte. Wenn ihre gefiederten Blätter nach oben zeigten, war ein schöner Tag angesagt, fielen sie nach unten, waren Gewitterwolken im Anmarsch.

Baron Nowack ist es nie gelungen, seine Behauptungen zu beweisen und seine Wetterstationen zu bauen, doch es gelang ihm immerhin, die öffentliche Aufmerksamkeit auf einen der weltweit tödlichsten Pflanzensamen zu lenken.

Die Ranken der Paternostererbse winden sich durch das tropische Dickicht und schlingen ihre schlanken Äste um Bäume und Sträucher. Die ausgewachsene Pflanze hat einen starken holzigen Stamm, der es ihr erlaubt, auf eine Höhe von bis zu fünf Metern zu wachsen. Die blassvioletten Blüten wachsen in kleinen Trauben an einem Stiel, aus denen später die Schoten mit ihren glänzenden, giftigen Juwelen reifen.

Jeder der glänzenden Samen ist leuchtend rot mit einem schwarzen Punkt am Hilus, der Narbe, die zurückbleibt, wenn die Erbse aus der Schote entfernt wird. Sie haben die Größe und Farbe von Marienkäfern und sind als Schmucksteine sehr beliebt.

Gleichzeitig sind sie aber auch so giftig, dass ein einzelner gut gekauter Samen ausreicht, um einen Menschen zu töten. Gefährdet sind bereits Schmuckhersteller, die Löcher in die harten Schalen bohren, um eine Kette durch die Samen zu fädeln: Geraten etwa bei einem Nadelstich auch nur geringe Mengen vom Mehl der Paternostererbse in den Körper, kann dies tödlich sein, und schon das Einatmen des Mehls ist gefährlich.

Das Gift in Paternostererbsen heißt Abrin, es ähnelt dem in Castorbohnen enthaltenen Rizin. Abrin dockt an Zellwänden an und hindert die Zellen an der Herstellung von Proteinen, wodurch sie absterben. Es kann Stunden oder gar Tage dauern, bis die ersten Symptome sich bemerkbar machen, doch wenn es so weit ist, werden die armen Opfer der Paternostererbse von Schwindel, Erbrechen, Krämpfen, Orientierungslosigkeit, Zuckungen, Leberversagen und nach wenigen Tagen vom Tod heimgesucht. Unglücklicherweise fühlen sich gerade kleine Kinder von den farbenfrohen Samen angezogen. In Indien sprechen die Ärzte davon, dass die Paternostererbse »ein Kind zu Tode küsst«.

FAMILIENBANDE: *Abrus melanonspermus* und *A. mollis* haben angeblich einen medizinischen Nutzen, insbesondere bei Hautverletzungen und Tierbissen, doch man weiß nicht viel über ihre Giftigkeit.

BOUQUET DES GRAUENS

Am 2. Juli 1881 schoss Charles Julius Guiteau auf den amerikanischen Präsidenten James Garfield. Er zielte nicht genau genug, um den Präsidenten zu töten, und Garfield lebte noch elf Wochen, in denen die Ärzte seine inneren Organe mit nicht sterilisierten Instrumenten malträtierten, weil sie nach einer Kugel fahndeten, die sich eigentlich in der Nähe seines Rückgrats befand. Guiteau versuchte, sich diesen medizinischen Kunstfehler in einem bizarr-komödiantischen Prozess zunutze zu machen, und erklärte: »Die Ärzte haben Garfield umgebracht, ich habe ihn nur erschossen.« Nichtsdestotrotz wurde er zum Tod durch den Strang verurteilt.

Am Morgen seiner Hinrichtung brachte ihm seine Schwester einen Blumenstrauß. Gefängnisbeamte fingen den Strauß ab und entdeckten später, dass sie genug Arsen zwischen den Blüten versteckt hatte, um mehrere Männer zu töten. Zwar bestritt die Schwester, das Bouquet ihres Bruders vergiftet zu haben, doch jeder wusste von Guiteaus Angst vor der Henkersschlinge, und dass er andere Todesarten vorgezogen hätte.

Wäre das Arsen wirklich notwendig gewesen? Mit ein wenig Planung hätte Guiteaus Schwester auch ohne chemische Zusätze einen ziemlich umwerfenden Blumenstrauß zusammenstellen können:

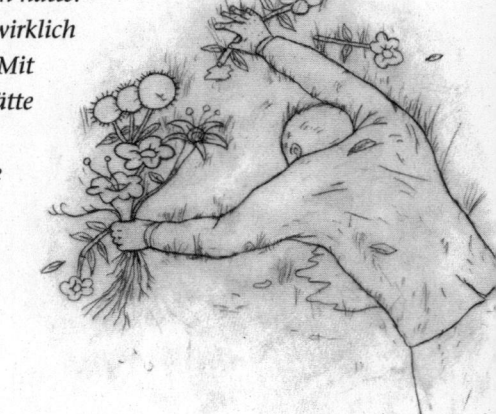

GARTENRITTERSPORN und RITTERSPORNE
Consolida ajacis, Delphinium spp.

Unter Blumenliebhabern wegen ihrer langen Spitzen mit rosa, lavendelfarbenen oder weißen Blüten sowie ihrer feinen spitzen Blätter begehrt. Das Gift der Pflanze ist jenem im verwandten Eisenhut sehr ähnlich. Die Giftmengen variieren je nach Art und Alter der Pflanze, und eine tödliche Dosis ist nicht ausgeschlossen, wenn man es darauf ankommen lässt.

MAIGLÖCKCHEN   Convallaria majalis

Die Frühlingsblume mit dem himmlischem Duft enthält eine ganze Reihe Herzglykoside und kann Kopfschmerzen, Übelkeit, Herzbeschwerden, bei hohen Dosen sogar Herzversagen verursachen. Die roten Beeren, die sie nach ihrer Blüte bildet, sind ebenfalls toxisch.

TRÄNENDES HERZ   Dicentra spp.

Eine reizende, altmodische Blume, die nach der Form ihrer Blüten benannt wurde: sie ähneln Herzen, von denen eine Träne herabtropft. Tränende Herzen enthalten giftige Alkaloide, die Schwindel, Krämpfe und Atemprobleme verursachen.

DUFTWICKE   Lathyrus odoratus

Ähnelt einer gewöhnlichen Erbsenpflanze, nur sind ihre Blüten größer, farbenprächtiger und unglaublich duftend. Alle Teile sind leicht giftig, doch die Triebe und

Hülsenfrüchte enthalten giftige lathyrogene Aminosäuren. Duftwicken gehören zu einer Reihe von Erbsen- und Wickenpflanzen der Gattung Lathyrus. Sie verursachen Lathyrismus, der sich durch Lähmungen, Schwäche und Zittern äußert.

TULPEN   Tulipa spp.

Bilden einen stark reizenden Saft, der für Gartenarbeiter gefährlich werden kann. Das Berühren der Zwiebeln kann die Haut reizen, und Arbeiter in der holländischen Zwiebelindustrie wissen aus Erfahrung, dass sogar der trockene Staub, den die Zwiebeln bilden, zu Atembeschwerden führen kann. Ein Syndrom namens »Tulpenfinger« gehört für Floristen, die tagtäglich mit den Pflanzen zu tun haben, zum Berufsrisiko. Sie können unter schmerzhaften Schwellungen, roten Pusteln und Rissen in der Haut leiden.

Tulpenzwiebeln wurden in Holland während verschiedenen Hungerperioden mit Zwiebeln verwechselt und gegessen – eine schlechte Idee, wenn man bedenkt, dass man ein Abendessen aus Tulpenzwiebeln mit Erbrechen, Atemproblemen und ernst zu nehmenden Schwächeanfällen bezahlt.

HYAZINTHEN   Hyacinthus orientalis

Der Juckreiz, nachdem die Zwiebeln mit bloßen Händen behandelt wurden, ist in der Blumenindustrie wohlbekannt. Aber auch der Saft der Pflanze kann die Haut reizen.

ALSTROEMERIE oder INKALILIE   Alstroemeria spp.

Verursacht dieselbe Form von Dermatitis wie Tulpen und Hyazinthen. Auf die Wirkstoffe dieser Blumensorten kann sich eine Kreuzreaktion entwickeln, die zu verschiedensten schmerzhaften Hautproblemen führen kann.

CHRYSANTHEMEN   Chrysanthemum spp.

Die Blüten werden immer wieder in Tees und zu medizinischen Zwecken verwendet, obwohl die Pflanzen ernst zu nehmende allergische Reaktionen hervorrufen können: Hautausschläge, geschwollene Augen und andere Symptome können die Folgen sein. Bestimmte Arten werden zur Herstellung von Pyrethrum, einem organischen Insektengift, verwendet.

BLAUER EISENHUT   Aconitum napellus

Der Eisenhut ist eine beliebte Gartenblume mit blauen oder weißen Blüten, ähnlich jenen der Garten- und anderen Rittersporne. Auch wenn sie in einem Blumenstrauß wunderschön aussehen, sollte man nicht vergessen, dass das in ihnen enthaltene Gift so stark ist, dass es die Nerven lähmen und den Vergifteten sogar töten kann. Floristen sollten es vermeiden, die Stiele mit bloßen Händen zu berühren, denn schon der Hautkontakt kann Taubheit und Herzprobleme verursachen.

PEYOTE-KAKTUS

LOPHOPHORA WILLIAMSII

FAMILIE: Cactaceae (Kakteengewächse)
HABITAT: Wüsten, bevorzugt zur Keimung allerdings
                    eine gewisse Feuchtigkeit
VERBREITUNG: Südwesten der USA und Mexiko
NAMEN: Peyote, Meskalin

B ei ihrer Landung in der Neuen Welt beobachteten spanische Missionare die Ureinwohner bei der rituellen Einnahme von Peyote (Meskalin) und waren sich sicher: das konnte nur Hexerei sein. Die spanischen Eroberer und Kolonisten verboten die Einnahme und erklärten jeden Konsum für illegal. Paradoxerweise begründeten die Siedler ihre Abneigung gegen den Peyote-Kaktus damit, dass er den Indianern schaden könnte. Dieser Glaube hielt sich bis ins 20. Jahrhundert. Im Jahr 1923 zitierte die *New York Times* einen Vorkämpfer gegen Peyote, der jede Hilfe für Abhängige für vergeblich hielt: »Der Alkoholiker kann durch sorgfältige Behandlung seiner physischen und psychischen Abhängigkeit entrinnen, doch der Meskalinabhängige ist auf dem Weg zu absoluter Untüchtigkeit.«

Der kleine, langsam wachsende Kaktus hat die Form eines Knopfes, einen Durchmesser von 2,5 bis 5 Zentimeter und keine Stacheln. Auf dem Kaktus wächst eine sich selbst überlassene kleine weiße Blume, die schließlich verblüht. Versuchen Sie gar nicht erst, in der Wüste nach

Peyote zu suchen: Durch Übererrnten wurde dem Kaktus im US-amerikanischen Südwesten fast der Garaus gemacht.

Die bitteren getrockneten Peyoteknöpfe werden entweder gegessen oder zu Tee gemahlen. Die anfänglichen Symptome können recht erschreckend ausfallen: Angstzustände, Schwindel, Kopfschmerzen, Frösteln, extreme Übelkeit und Erbrechen sind nicht selten. Die anschließenden Halluzinationen werden als intensive Wahrnehmung leuchtender Farben, ein erhöhtes Bewusstsein für Geräusche und besonders klare Gedanken beschrieben. Die Erlebnisse eines Peyote-Rausches können sich von Einnahme zu Einnahme stark unterscheiden und wurden auch schon als »chemisch herbeigeführte Anschauung einer Geisteskrankheit« bezeichnet.

Dem Gebrauch von Peyote in religiösen Zeremonien der Ureinwohner wurde in den USA lange mit Skepsis begegnet. Dr. Harvey W. Wiley, Anfang des 20. Jahrhunderts ein unermüdlicher Anwalt der Lebensmittel- und Arzneimittelsicherheit, gab einst im Senatsausschuss für indianische Angelegenheiten zu bedenken: Wenn man den religiösen Gebrauch von Peyote erlauben würde, »hätten wir bald eine Alkohol-Kirche und eine Kokain-Kirche und eine Tabak-Kirche«. Im Jahr 1990 urteilte der Oberste Gerichtshof im Fall *Employment Divison vs. Smith*, dass der Erste Zusatzartikel zur Verfassung der Vereinigten Staaten nicht das Recht der amerikanischen Ureinwohner schütze, Drogen während der Ausübung ihrer Religion zu konsumieren. Als Antwort darauf erließ der Kongress den *American Indian Religious Freedom Act*, der den Gebrauch von Peyote für religiöse Zeremonien der Ureinwohner erlaubte. Für jeden anderen bleibt Meskalin eine Droge der höchsten Sicherheitsstufe Schedule-I und ihr Besitz gilt als schweres Verbrechen.

FAMILIENBANDE: Peyote gehört zur Familie der Kakteen, die zwei- bis dreitausend Arten umfasst. Eine Verwandte ist die *Lophophora diffusa*, die neben anderen psychoaktiven Verbindungen auch Spuren von Meskalin enthält.

PFAUENSTRAUCH

CAESALPINIA PULCHERRIMA
(SYN. POINCIANA PULCHERRIMA)

FAMILIE: Fabaceae (Hülsenfrüchtler)
HABITAT: Tropische und subtropische Berghänge, Tieflandregenwälder
VERBREITUNG: Westindische Inseln
NAMEN: Stolz von Barbados

Der Pfauenstrauch spielt in der Geschichte des Sklavenhandels eine tragische Rolle. Denn der schöne tropische Strauch mit den feinen filigranen Blättern und glänzenden orangefarbenen Blüten, denen Kolibris nicht widerstehen können, produziert Samenkapseln, die den Frauen der Westindischen Inseln nur allzu bekannt sind.

Die medizinische Literatur des 18. Jahrhunderts beschreibt die Versuche von Sklavinnen, ihre Schwangerschaft zu unterbrechen, damit ihre Kinder nicht zum Wohlstand des Sklavenhalters beitrügen. Dieser Widerstand hatte vielfältige Formen: Einige Frauen erbaten vom Plantagenarzt Medizin, in der Hoffnung, dass diese eine Fehlgeburt herbeiführen würde, andere wiederum verließen sich auf Pflanzen wie den Pfauenstrauch. Sie glaubten, dass er die Menstruation auszulösen oder, wie sich europäische Ärzte gerne ausdrückten, »die Blumen zu senken« vermochte.

Im Jahr 1705 beschrieb die Naturforscherin Maria Si-

bylla Merian als Erste die Methoden, mit denen die westindischen Sklaven die Pflanze als einen Versuch des Wider-
stands gegen ihre Herren einsetzten: »Die Indianer, die
nicht gut behandelt werden, wenn sie bei den Holländern
im Dienst stehen, treiben damit ihre Kinder ab, damit ihre
Kinder keine Sklaven werden, wie sie es sind. Die schwarzen Sklavinnen aus Guinea und Angola müssen sehr zu-
vorkommend behandelt werden, denn sonst wollen sie
keine Kinder haben in ihrer Lage als Sklaven. Sie bekommen auch keine, ja sie bringen sich zuweilen um wegen
der üblichen harten Behandlung, die man ihnen zuteil
werden läßt, denn sie sind der Ansicht, daß sie in ihrem
Land als Freie wiedergeboren werden, so wie sie mich aus
eigenem Munde unterrichtet haben.«

Der Pfauenstrauch wurde für europäische Pflanzen-
sammler zu einem begehrten Zierstrauch. Er gedeiht im
gesamten Süden der USA, vor allem in Florida, Arizona
und Kalifornien. In Gegenden mit milden Wintern kann
er bis zu sechs Meter hoch wachsen. Die Rinde ist von
scharfen Stacheln überzogen, die eine Weiterverarbeitung
erschweren. Die roten, gelben oder orangefarbenen Blüten
blühen den ganzen Sommer und machen im Herbst den
flachen braunen Hülsen mit ihren giftigen Samen Platz.

Die Frauen der Westindischen Inseln hüteten ihr Geheimnis gut: Während seiner Geschichte als Zierstrauch
wurde sehr wenig über die Bedeutung des Pfauenstrauchs
als Suizid-Mittel verzweifelter westindischer Sklavinnen
bekannt.

FAMILIENBANDE: Zur Gattung *Caesalpinia*
gehören etwa 70 Arten von tropischen Sträuchern und kleinen Bäumen. *C. gilliesii*, auch

als Paradiesvogelbusch bekannt, ist ein beliebter Zierstrauch im Südwesten der USA. Der Wirkstoff Tannin macht seine Samen toxisch, doch die meisten Menschen erholen sich nach etwa 24 Stunden von den schweren Magen-Darm-Problemen, die durch ihn ausgelöst werden.

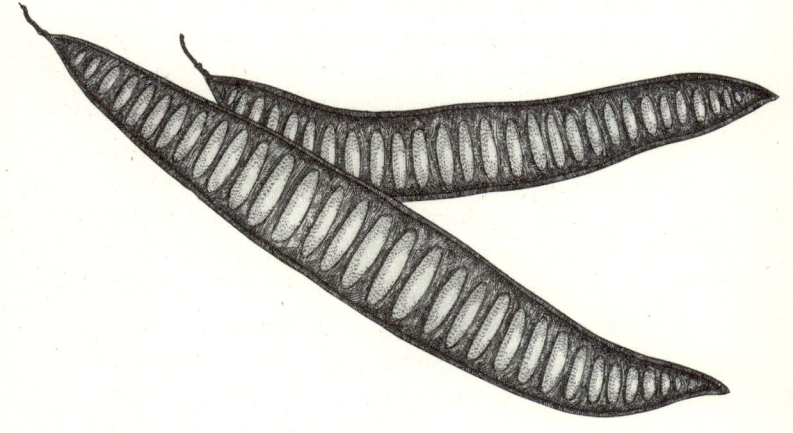

PSYCHEDELISCHE PFLANZEN

Die Drogenbekämpfungsbehörde der USA hat dem Hunger der Bevölkerung nach bewusstseinsverändernden Pflanzen kaum etwas entgegenzusetzen. Solange einige dieser Pflanzen nicht eindeutig als illegal eingestuft werden, sind sie unter Leuten, die gerne »natürlich high« werden wollen, heiß begehrt. Leider sind die meisten Menschen keine geborenen Pflanzenexperten und können sich nicht sicher sein, was sie dabei tatsächlich zu sich nehmen. Außerdem kann die Menge der Wirkstoffe von Pflanze zu Pflanze variieren oder gar innerhalb eines Tages mit dem Wetter wechseln. Nachfolgend nur einige der Pflanzen, die derzeit die Subkulturen umtreiben:

AZTEKEN-SALBEI	Salvia divinorum

Eine zarte mehrjährige Salbeistaude aus Mexiko, die vielen anderen Salbeiarten ähnelt und über das Internet populär geworden ist, weil sie ohne große Umstände high macht. Man raucht oder kaut die Blätter, um eine halluzinogene Wirkung zu erzielen, doch viele Konsumenten berichten von einem kurzen und erschreckenden Erlebnis, das den Aufwand nicht lohnt. Zwar steht die Pflanze nicht auf der Liste kontrollierter Substanzen der US-Drogen-bekämpfungsbehörde DEA, doch die Behörde hat sie im Auge. Mehrere US-Bundesstaaten haben sie bereits verboten, von den meisten Militärstützpunkten wurde sie verbannt, und auch einige europäische Länder sind diesem Beispiel gefolgt. Leider wird in den Nachrichten oft nicht zwischen dieser speziellen und den vielen Salbei-arten unterschieden, die beliebte Gartenpflanzen sind und keinerlei psychoaktive Wirkung haben.

SAN-PEDRO-KAKTUS Trichocereus pachanoi, Syn.
Echinopsis pachanoi

Ein Säulenkaktus mit wenigen Stacheln, der in der gesamten Andenregion wächst und dort bei Stammesriten eingenommen wird. Der San-Pedro-Kaktus enthält wie Peyote Meskalin, wird aber von der DEA nicht gelistet. Deshalb wird die Pflanze vielerorts angebaut, wenn auch der Versuch, aus ihr gewonnenes Meskalin zu vertreiben, das Risiko einer Strafverfolgung nach sich zieht. Ein anderer, weniger bekannter Verwandter ist der *Echinopsis legeni-formis*, wegen seiner anatomisch eindeutigen Form auch »Frauenglück« genannt.

KRATOM Mitragyna speciosa Korth

Ein Baum aus Südostasien, dessen Blätter wie Koka oder Khat gekaut werden. Eine zu hohe Dosis führt neben einer leichten Euphorie zu weniger befriedigenden Nebenwirkungen: Schwindel und Verstopfung. In den USA ist er nicht illegal, er wurde aber in Thailand, Australien und mehreren anderen Ländern wegen seiner suchterzeugenden Eigenschaften verboten.

YOPO   Anadenanthera peregrina

Ein Baum aus Südamerika mit langen braunen Samenkapseln. Die Samen enthalten die psychoaktive Verbindung Bufotenin, die bei religiösen Zeremonien einiger indigener Völker geschnupft wird. Die Samen werden wegen ihrer halluzinogenen Wirkung eingenommen, können aber auch Krämpfe verursachen. Bufotenin wird ebenfalls von bestimmten Krötenarten abgesondert, und es soll Menschen geben, die an Kröten lecken, um high zu werden – eine Aktion, die schnell mit Krämpfen und Herzstörungen im Krankenhaus enden könnte.

Die US-Drogenbehörde DEA stuft Bufotenin zwar in die höchste Risikogruppe ein, doch Yopo-Samen (und im Übrigen auch Kröten) werden nicht als illegal gekennzeichnet. Einige wenige klinische Studien haben gezeigt, dass Menschen mit Schizophrenie und anderen psychischen Krankheiten Bufotenin über den Urin absondern. Gerüchten zufolge soll Yopo auch Dimethyltryptamin, kurz DMT, enthalten, den gleichen Wirkstoff wie in Ayahuasca (s. Yagé und Chacruna), doch in Tests wurden keinerlei Spuren nachgewiesen.

HIMMELBLAUE PRUNKWINDE   Ipomoea tricolor

Die Samen enthalten kleine Mengen von Lysergsäureamiden, was LSD-ähnliche Trips ermöglicht, wenn man sie in großen Mengen zu sich nimmt. Sie sind unter Teen-

agern beliebt, die sie entweder kauen oder in Wasser auf-
lösen und Tee aus ihnen brauen. Jüngere Berichte weisen
darauf hin, dass viele Besitzer von Gärtnereien den Trend
verschlafen haben und Samenpakete an Jugendliche in
dem Glauben verkauft haben, dass diese Interesse am Gärtnern hätten. Einige, die die Samen konsumierten, wurden
mit gefährlich hohen Herzschlagfrequenzen und grausigen Halluzinationen ins Krankenhaus eingeliefert.

RATTENGIFT

DICHAPETALUM CYMOSUM
ODER D. TOXICARIUM

FAMILIE: Dichapetalaceae
HABITAT: Tropische und subtropische Regionen
VERBREITUNG: Afrika
NAMEN: Giftblatt

Verschiedene Pflanzen produzieren das tödliche Gift Natriumfluoracetat, doch die bekanntesten unter ihnen sind zwei westafrikanische blühende Bäume, *Dichapetalum cymosum* und *D. toxicarium*. Weil sie ausschließlich in sehr dünn besiedelten Gebieten vorkommen, stellten die Bäume keine große Bedrohung dar, bis Wissenschaftler 1940 herausfanden, dass man ihr Gift extrahieren und daraus eine starke Chemikalie zum Einsatz gegen Ratten und Raubtiere wie Kojoten herstellen kann.

Das Gift ist geruch- und geschmacklos, und schon eine minimale Menge kann Säugetiere töten. Der Tod setzt innerhalb weniger Stunden ein, ihm gehen Erbrechen, Krämpfe, Herzrhythmusstörungen und Atemnot voraus. Überlebende können dauerhafte Schäden der lebenswichtigen Organe davontragen. Das Gift verweilt im Körper und wird das Tier von einem anderen gefressen, kann es auch den Rest der Nahrungskette vergiften. Aus diesem Grund spricht man bei Rattengift bisweilen vom »Gift, das immer weiter tötet«.

Natriumfluoracetat, auch als »Compound 1080« bekannt, wurde bis 1972 immer wieder eingesetzt, bis es von der US-Umweltschutzbehörde EPA zusammen mit Natriumzyanid und Strychnin vom Markt genommen wurde. Dennoch erteilte die Behörde dem US-Landwirtschaftsministerium in den darauffolgenden Jahren die Erlaubnis, das Gift in Schutzhalsbändern für Viehherden einzusetzen. Die Halsbänder enthalten 15 Milliliter Compound 1080 und werden am Hals von Schafen und Rindern befestigt. Wenn nun ein Kojote nach der Halsschlagader schnappt, beißt er stattdessen in eine tödliche Portion des Gifts.

Der Einsatz der Chemikalie gegen Raubtiere wird kontrovers diskutiert. Naturschützer argumentieren, dass ein so wirksames Gift am Hals von Vieh ungewollt die Vergiftung von Fischen, Vögeln und Wasservorräten zur Folge haben könnte. In Neuseeland zog das Versprühen aus der Luft, um aggressive Ratten und Opossums zu töten, einen Aufschrei von Aktivisten nach sich, die gegen den Gebrauch dieses willkürlich tötenden Gifts eintreten.

Öffentliche Aufmerksamkeit erregte das Gift im Jahr 2004, als es ein mysteriöser Serienmörder benutzte, um im Zoo von São Paulo Hunderte von Tieren zu töten. Es wurden keinerlei Spuren des Giftes in der Nahrung gefunden, was auf einen äußerst raffinierten Täter schließen ließ, der Zugang zu den Gehegen hatte. Kamele, Stachelschweine, Schimpansen und Elefanten starben, während das Zoopersonal verzweifelt nach geeigneten Gegenmaßnahmen suchte. Obwohl das Gift in Brasilien verboten ist, gelang es dem Killer, es ins Land zu schmuggeln und eine furchtbare Zerstörung anzurichten.

Im Jahr 2006 enthüllte eine wenig beachtete Notiz im Bericht der Baker-Kommission, dass eines der chemischen

Waffenarsenale, die die Koalitionstruppen im Irak entdeckt hatten, Fläschchen mit Compound 1080 aus Oxford
in Alabama enthielten. Wie kam Saddam Hussein in ihren
Besitz und was hatte er damit vor? Der demokratische Ab-
geordnete Peter DeFazio aus Oregon schätzte das Risiko,
dass die Substanz in chemischen Waffen zum Einsatz
käme, als gravierender ein, als ihr Nutzen beim Schutz
von Viehherden je sein könnte. Laut Nachrichtenmeldun-
gen teilte ihm die EPA mit, dass sie die Chemikalie nur auf
Empfehlung des Heimatschutzministeriums verbieten
würde. Das Ministerium wiederum erklärte, dass es das
Verbot einer bestimmten Chemikalie nicht empfehlen
könne. Daraufhin brachte DeFazio einen Gesetzesentwurf
zum Verbot von Natriumfluoracetat ein, der jedoch abge-
lehnt wurde.

FAMILIENBANDE: Rattengift ist in einigen
anderen blühenden Bäumen und Sträuchern
Afrikas und Südafrikas enthalten, darunter
in jenen der Gattung *Tapura* und *Stephano-
podium*.

RUNZELIGER WASSERDOST

EUPATORIUM RUGOSUM
(SYN. AGERATINA ALTISSIMA)

FAMILIE:	Asteraceae oder Compositae (Korbblütler)
HABITAT:	Waldgebiete, Dickicht, Wiesen und Weiden
VERBREITUNG:	Nordamerika
NAMEN:	Weiße Schlangenwurzel

Als ob der Wilde Westen nicht schon rau genug gewesen wäre, mussten die ersten Siedler immer auch damit rechnen, dass ihre Milch, Butter oder Fleisch von einer todbringenden Pflanze verseucht sein könnte. Die Milchkrankheit war für die ersten Farmer in Amerika eine allgegenwärtige Bedrohung: Ganze Familien fielen der Krankheit zum Opfer, nachdem sie Symptome wie Schwäche, Erbrechen, Zittern und Fieber durchlitten hatten. Auch das Vieh zeigte Krankheitssymptome. Pferde und Kühe taumelten umher, bis sie starben, und die Farmer standen hilflos daneben, ohne zu begreifen, dass eine Pflanze schuld war. *Milk Sickness* war so verbreitet, dass Namen wie Milk Sick Ridge, Milk Sick Cove und Milk Sick Holler bis heute mit Orten im amerikanischen Süden, wo die Krankheit besonders wütete, verbunden werden.

Zu den berühmtesten Opfern der Milchkrankheit gehörte Nancy Hanks Lincoln, die Mutter von Abraham Lincoln. Sie widerstand der Krankheit eine ganze Woche, starb aber schließlich, wie auch ihr Onkel, ihre Tante und mehrere andere Menschen aus der Kleinstadt Little Pigeon Creek (Indiana). Als sie 1818 im Alter von 34 Jahren starb, hinterließ sie den neunjährigen Abraham und seine Schwester Sarah. Lincolns Vater baute die Särge; der junge Abraham half ihm, die Holzstifte für den Sarg der Mutter zu schnitzen.

Während des 19. Jahrhunderts fanden mehrere Ärzte unabhängig voneinander heraus, dass der Runzelige Wasserdost die Ursache für die Krankheit war, doch die Erkenntnis verbreitete sich nur langsam. Anna Bixby, eine Ärztin aus Illinois, bemerkte, dass die Krankheit an bestimmte Jahreszeiten gebunden war, und schloss daraus, dass sie mit dem allsommerlichen Erscheinen einer Pflanze zusammenhing. Sie wanderte durch die Felder und stieß dabei auf den Wasserdost. Dann verfütterte sie das Kraut an ein Kalb, um ihren Verdacht zu bestätigen. Sie startete eine Kampagne zur Ausrottung der Pflanze in ihrer Gemeinde und konnte so die Milchkrankheit in dieser Gegend um das Jahr 1834 so gut wie eliminieren. Leider stießen ihre Versuche, die Behörden zu informieren, auf taube Ohren, vielleicht, weil weibliche Ärzte damals nicht ernst genommen wurden.

Auch der Farmer William Jerry aus Madison County, Illinois, zog im Jahr 1867 die richtigen Schlüsse, als er bemerkte, dass die Krankheit immer dann auftrat, nachdem sein Vieh auf Wasserdostwiesen gegrast hatte. Doch erst in den 1920er-Jahren wurde die Pflanze allgemein als Ursache der Milchkrankheit akzeptiert. Nach und nach lernten die Farmer, ihr Vieh einzuzäunen oder das Gewächs von den Weiden zu entfernen, um die Krankheit einzudämmen.

Wasserdost wird über einen Meter hoch und bildet kleine weiße Blütentrauben, die der Wilden Möhre ähneln. Die Pflanze wächst bis heute in den Wäldern des nordamerikanischen Ostens und im gesamten Süden des Landes. Der giftige Wirkstoff Tremetol bleibt auch in getrockneten Pflanzen aktiv und stellt somit sowohl in Heufeldern als auch auf Weiden eine Bedrohung dar.

FAMILIENBANDE: Purpur-Wasserdost, *Eupatorium purpureum*, eine beliebte Blume in Schmetterlingsgärten, und Durchwachsener Wasserdost, *E. perfoliatum*, ein ehemals beliebtes Fieber- und Grippemittel, sind beide mit dem Runzeligen Wasserdost verwandt.

UNKRÄUTER DER MASSENVERNICHTUNG

Einige Pflanzen haben einfach ein Talent zur Eroberung. Wenn es darum geht, die Konkurrenz aus dem Weg zu räumen, haben sie keine Skrupel, sie zu ersticken, ihr die Nahrung zu klauen, oder sie gar unterirdisch mit giftigen Substanzen zu attackieren. Diese Pflanzen sind nicht nur invasiv: Sie sind mörderisch.

| GRUNDNESSEL | Hydrilla verticillata |

Eine Süßwasserpflanze, die in den 1960er-Jahren von Asien nach Florida einwanderte. Schnell wurde sie in Seen und Flüssen heimisch, wo sie kräftige Wurzeln schlägt und täglich zwei Zentimeter wächst, bis sie an die Wasseroberfläche gelangt. Einzelne Pflanzen werden bis zu acht Meter lang. Weil die Grundnessel nach Sonnenlicht dürstet, formt sie oft einen dicken Pflanzenteppich, der alles übrige Leben im Wasser erstickt und die Schifffahrt erschwert. Von der Grundnessel befallene Gewässer kommen zum Stehen, wodurch Mücken angezogen werden. Sie gedeiht in warmen Frischwasserregionen der USA und kann kaum bekämpft werden, da sich selbst kleinste Teile zu einer neuen Kolonie auswachsen können. Ein Wissenschaftler verglich sie mit Herpes. »Wenn man sie einmal hat«, sagte er, »hat man sie für immer.«

SEIDE   Cuscuta spp.

Das US-Ministerium für Landwirtschaft hat die meisten Seidenarten auf die Bundesliste der schädlichen Unkräuter gesetzt. Dieser Parasit sieht aus wie eine außerirdische Lebensform, die gelandet ist, um der irdischen Vegetation das Leben auszusaugen – und das ist von der Wahrheit gar nicht allzu weit entfernt. Die langen, scheinbar blattlosen Stiele wachsen in jenseitigen Farben wie Orange, Rosa, Rot und Gelb. (Tatsächlich besitzt Seide so etwas wie Blätter, jedoch von wirklich sehr kleiner, kaum wahrnehmbarer Größe.) Seide beherrscht die Photosynthese nur in unzureichendem Maße, weshalb sie anderen Pflanzen ihre Nahrung stehlen muss. Nachdem die Samen keimen, haben die jungen Triebe nur eine knappe Woche, um einen Wirt zu finden, andernfalls sterben sie. Die Keimlinge wachsen auf mögliche Wirtspflanzen zu, und Labortests haben gezeigt, dass Seide immer dem Duft einer vermeintlichen Pflanze entgegenwächst, selbst wenn sich dort eigentlich keine befindet. Dies zeige, so die Schlussfolgerung, dass sie einen tierähnlichen Geruchssinn besitzt.

Sobald Seide einen Wirt gefunden hat, wickelt sie sich um ihr Opfer, injiziert winzige Pilzstrukturen und saugt seine Nährstoffe aus. Eine einzige Seidenpflanze kann mehrere Pflanzen befallen, sich von allen gleichzeitig ernähren und schließlich alle töten. Ein Feld, das von Seide erstickt wurde, sieht aus, als sei es mit Luftschlangenspray angegriffen worden.

INDISCHES NUSSGRAS   Cyperus rotundus

Nach Ansicht vieler Experten das schlimmste irdische Unkraut. Es wächst weltweit bei gemäßigten Temperaturen, verbreitet sich schnell, verdrängt heimische Pflanzen und überfällt landwirtschaftliche Anbauflächen. Ein kontrollierter Ackerbau ermutigt es nur noch mehr, weil dadurch die unterirdischen Knollen aufgebrochen werden, von denen eine jede weitere Triebe bildet. Was aber das Indische Nussgras besonders fies macht, ist seine Fähigkeit, allelopathische Verbindungen, die jeder Konkurrenz den Garaus machen, in die Erde zu entlassen. Gärtner, die das Nussgras unkontrolliert wachsen lassen, müssen bald feststellen, dass es nicht nur schnell den gesamten Garten beherrscht, sondern auch die anderen Pflanzen vergiftet.

WASSERSCHEUER SCHWIMMFARN   Salvinia molesta

Dieser freischwebende Schwimmfarn, der bis zu einen Meter tief reichende dichte Matten bildet, kann seinen Bestand alle zwei Tage verdoppeln. Ein besonders beeindruckender Befall erreichte ein Ausmaß von 250 Quadrat-kilometern. Der Wasserscheue Schwimmfarn ist in Süßwas-serseen, Feuchtbiotopen und Bächen der amerikanischen Südstaaten beheimatet. Er gedeiht in nährstoffreichem Wasser, wuchert also besonders dort, wo Dünger oder Schlick aus Kläranlagen im Wasser zu finden sind.

WÜRGEFEIGE   Ficus aurea

Bekannt für ihre mehr als unfreundliche Gepflogenheit, sich um andere Bäume zu wickeln und sie zu erwürgen. Die Samen werden von Vögeln verbreitet und keimen oft hoch in der Krone anderer Bäume. Starke holzige Wurzeln schlingen sich daraufhin um den Wirtsbaum und streben gen Boden. Manchmal umzirkeln die Wurzeln ganze Baumstämme. Stirbt ein Baum, so bleibt sein ausgehöhltes Inneres bestehen, was der Würgefeige die Form eines riesi-gen Strohhalms verleiht.

Zwar sind die Feigen absolut gruselig, gelten jedoch im Allgemeinen nicht als invasive Pflanzen, sondern als interessante botanische Merkwürdigkeit, die ihre eigene Nische im Ökosystem gefunden hat.

SAGOPALMFARNE

CYCAS SPP.

FAMILIE: Cycadaceae (Palmfarne)
HABITAT: Tropen, teilweise auch Wüstengebiete
VERBREITUNG: Südostasien, Pazifische Inseln und Austra-
                       lien
NAMEN: Falscher Sago, Palmfarne

Gärtner zwischen Florida und Kalifornien kennen die Sagopalmfarne, diese äußerst widerstandsfähigen, langsam wachsenden Bäume, die als Zierpflanzen angebaut werden. Die bekannteste Art, *Cycas revoluta*, ist eine beliebte Hauspflanze und wird oft auch in botanischen Gärten gepflanzt. Den meisten Menschen ist jedoch nicht klar, dass alle Pflanzenteile, insbesondere die Blätter und Samen, krebserregende Stoffe und Nervengifte enthalten. Immer wieder vergiften sich Haustiere, die nicht von der Pflanze lassen können, aber auch bei Menschen ist eine Vergiftung nicht selten.

Der bekannteste Fall ereignete sich während des Zweiten Weltkriegs in Guam. Einheimische stellten aus den Samen der verwandten Falschen Sagopalme, *C. circinalis*, ein Mehl her. Die traditionelle Methode sieht das Auswaschen des Gifts durch Einweichen der Samen in Wasser vor, doch Lebensmittelknappheit während des Kriegs zwang viele Menschen dazu, die Samen ohne vorherige Vorsichtsmaßnahmen zu verarbeiten. Die giftigen Verbindungen wurden außerdem in Fledermäusen entdeckt, die in Guam als Delikatesse gelten. Und da die Lebensmittel knapp und die Waffen durch die stationierten Soldaten reichlich vorhanden waren, wurden Fledermäuse damals häufiger als üblich gejagt und gegessen.

Heute glauben Wissenschaftler, dass dies die Ursache für eine mysteriöse Variante von ALS oder Amyotrophe Lateralsklerose (auch als Lou-Gehring-Syndrom bekannt) war, die nach dem Krieg auf der Insel auftrat. Zu dieser besonderen Form der ALS gehörten die für die Krankheit übliche Degeneration der Nervenzellen, das mit der Parkinson-Krankheit assoziierte Muskelzittern und einige der bei Alzheimer-Krankheit auftretenden Symptome. Mediziner tauften das Syndrom Guam-Krankheit und mussten hilflos zusehen, wie sie sich unter den einheimischen Erwachsenen der Insel zur häufigsten Todesursache entwickelte. Auch britische Kriegsveteranen und Kriegsgefangene, die während des Kriegs eine Zeit lang auf der Insel verbrachten, erkrankten in ihrem späteren Leben ungewöhnlich häufig an Parkinson. Als sich die Lebensstandards auf der Insel verbesserten und die Menschen begannen, ihre Ernährung an eher westliche Gepflogenheiten anzupassen, verschwand das Syndrom fast völlig.

Die *Amerikanische Gesellschaft zur Verhütung von Grausamkeit gegen Tiere* benennt Sagopalmfarne als eine der giftigsten Pflanzen. Schon wenige Samen führen zu Magen-Darm-Problemen, Krämpfen, dauerhaften Leberschäden und bisweilen sogar zum Tod. Besonders gefährdet sind Hunde, die gerne an den Blättern kauen und vom Blattgrund nagen. Trotz ihres Namens sind Sagopalmfarne eigentlich keine Palmbäume. Vielmehr handelt es sich um

Gymnosperme oder Nacktsamer, sie produzieren also ähnliche Samenzapfen wie Nadelbäume.

FAMILIENBANDE: Die Familie der Palmfarne besteht allein aus der Gattung der Sagopalmfarne. Einige ihrer Mitglieder sind sehr selten und bei Sammlern begehrt. Diese Pflanzen gehören zu den ältesten bekannten Arten: Zum Teil hat man sie auf 65 Millionen Jahre alten fossilen Funden identifiziert.

SCHLAFMOHN

PAPAVER SOMNIFERUM

FAMILIE:	Papaveraceae (Mohngewächse)
HABITAT:	Gemäßigte Klimazonen, sonnige, fruchtbare Gartenböden
VERBREITUNG:	Europa und Westasien
NAMEN:	Pflanze der Freude, Blaumohn

Schlafmohn ist in den USA die einzige Schedule-II-Droge (laut Definition eine Substanz, die trotz hohen Missbrauchspotenzials verschrieben werden darf), die Sie über Ihren Gartenkatalog bestellen, in einer Baumschule kaufen, in ein Blumengesteck binden oder im heimischen Blumenbeet anbauen können. Zwar ist der Besitz von Schlafmohnpflanzen oder Mohnstroh streng verboten, doch die meisten örtlichen Polizeibeamten haben sicher andere Probleme, als Großmutters Garten nach ein paar rosa oder lila Blumen zu durchforsten. Legal ist aber eigentlich nur der Besitz der Samen – schließlich handelt es sich bei ihnen um ein beliebtes Lebensmittel.

Erfahrene Gärtner haben keine Schwierigkeiten, Schlafmohn von seinem nicht narkotischen Cousin zu unterscheiden. Seine bläulich grünen Blätter, die riesigen rosa, lila oder roten Blütenblätter und die fetten blaugrünen Samenkapseln verraten ihn. Ritzt man das Fleisch frisch geernteter Samenkapseln mit einem Messer ein, läuft ein milchiger Saft aus. Aus diesem Saft wird Opium herge-

stellt, das in Morphium, Codein und anderen als Schmerzmittel verwendeten Opiaten enthalten ist.

Papaver somniferum wird im Nahen Osten seit etwa
3400 v. Chr. angebaut. Homer erwähnt in der *Odyssee*
das Elixier Nepenthes, das Helena erlaubte, ihre Sorgen zu
vergessen; viele Wissenschaftler glauben, dass es sich
bei Nepenthes um ein Opiumgetränk handelte. Schon im
Jahr 460 v. Chr. setzte sich Hippokrates für Opium als
Schmerzmittel ein, und der Konsum von Opium als Droge
lässt sich bis ins Mittelalter zurückverfolgen.

Im 17. Jahrhundert vermischte man es mit anderen
Zutaten und vertrieb es als *Laudanum*. Im 19. Jahrhundert
extrahierten Ärzte Morphium aus der Pflanze. Doch den
beliebtesten Mohnextrakt präsentierte im Jahr 1898 der
heutige Pharmakonzern Bayer. Unter welchem Namen?
Heroin! Bayer verkaufte es als Hustensaft für Kinder wie Erwachsene, es war aber nur etwa zehn Jahre auf dem Markt.
Bis dahin hatten viele Süchtige jedoch längst verstanden
und nahmen Heroin nicht nur bei Husten.

Ein alarmierender Anstieg des Heroingebrauchs bewog
die US-Regierung zu harten Maßnahmen und seit 1923 ist
Heroin gänzlich verboten. Dennoch stieg der Konsum
kontinuierlich und heute berichten 3,5 Millionen Amerikaner, dass sie die Droge in ihrem Leben wenigstens einmal genommen haben. Die Weltgesundheitsorganisation
WHO schätzt, dass weltweit mindestens 9,2 Millionen
Menschen Heroin konsumieren. Etwa 90 Prozent des
Opiums weltweit produziert Afghanistan, doch die Konsumenten in den USA beziehen ihren Stoff aus Kolumbien
oder Mexiko.

Opium erzeugt ein Gefühl der Euphorie, behindert aber
auch das Atmungssystem und kann zu Koma und Tod

führen. Es stört die Endorphinrezeptoren im Gehirn, wodurch es für Abhängige schwer wird, noch von diesen natürlichen Schmerzmitteln des Körpers Gebrauch zu machen. Dies ist einer der Gründe, warum der Heroinentzug so schwierig ist. Sogar Tee aus den Samen und Samenköpfen kann gefährlich sein, weil der Morphiumgehalt von Pflanze zu Pflanze erheblich variiert: Im Jahr 2003 starb eine 17-Jährige aus Kalifornien an einer Überdosis »natürlichen« Mohntees.

Zwar würde man eine jährliche Erntemenge von wenigstens 10 000 Mohnpflanzen benötigen, um einen durchschnittlichen Heroinkonsumenten für ein Jahr zu versorgen, doch das Gesetz kennt auch für Gärtner, die nur einige wenige Blumen pflanzen wollen, keine Ausnahme. Weil man glaubte, ihre Verfügbarkeit würde die private Heroinherstellung befeuern, forderte die US-Drogenbekämpfungsbehörde DEA Saatgutfirmen Mitte der Neunzigerjahre dazu auf, den Verkauf der Samen in ihren Katalogen freiwillig einzustellen. Doch die meisten Firmen ignorierten das Anliegen und die Blume ist unter Gärtnern weiterhin beliebt. Die Samen, die für Backware verwendet werden, sind in kleinen Mengen harmlos, doch der Verzehr mehrerer Mohnmuffins könnte sich bei einem Drogentest bemerkbar machen.

FAMILIENBANDE: Andere Mohnarten sind der Türkische Mohn, *Papaver orientale*, der Klatschmohn oder die Klatschrose, *P. rhoeas*, und der Islandmohn, *P. nudicaule*. Der orangefarbene Kalifornische Mohn ist nicht verwandt, es handelt sich um die Wildblume *Eschscholzia californica*.

DIE SCHRECKLICHEN TOXICODENDRONS

*Giftefeu, Gifteiche und Giftsumach gedeihen
in vielen Teilen der Erde. Doch den meisten Menschen ist gar nicht klar, wie
abgrundtief böse Toxicodendrons
sein können.*

GIFTEFEU	Toxicodendron radicans

GIFTEICHE	Toxicodendron diersilobum und andere

GIFTSUMACH	Toxicodendron vernix

Giftefeu ist eigentlich gar kein Efeu. Gifteiche keine
Eiche. Giftsumach hat mit Sumachbäumen nichts ge-
mein. Und übrigens ist keine der drei Pflanzen giftig.

Urushiol, das hautreizende Öl, das sie produzieren, ist
völlig giftfrei, dennoch reagieren die Meisten höchst allergisch darauf. Seltsamerweise sind es ausschließlich Menschen, die empfindlich auf die Berührung mit Urushiolen

reagieren, und niemand weiß, warum sich diese Pflanzen mit ihrer einzigartigen Form von Vitriol ausgerechnet auf uns spezialisiert haben. Weil Urushiol eine allergische Reaktion hervorruft – was nichts anderes bedeutet, als dass das Immunsystem verrückt spielt und eine eigentlich harmlose Substanz bekämpft wie Don Quijote die Windmühlen –, ist jede anschließende Berührung schlimmer als die vorhergehende. Die Immunantwort wird stärker, und die allergische Reaktion verschlimmert sich mit jedem Kontakt.

Etwa 15 bis 25 Prozent der Bevölkerung reagieren auf Toxicodendrons nicht allergisch und werden auch niemals unter Beschwerden leiden. Ein weiterer kleiner Teil reagiert erst nach einer längeren intensiven Berührung mit der Pflanze. Doch etwa die Hälfte der Menschen bekommt bereits einen Ausschlag, wenn sie die Pflanzen nur streift, und einige sind so allergisch veranlagt, dass sie zur Behandlung ins Krankenhaus eingewiesen werden müssen. Botaniker und Ärzte bezeichnen sie als »überempfindlich«.

Wer auf Giftefeu, Gifteiche und Giftsumach allergisch reagiert, wird bei Berührung einen nässenden, unerträglichen Ausschlag bekommen. Da sich die Öle in Schlafsäcken, auf der Kleidung oder im Fell entzückender kleiner Hunde festsetzen können, werden Sie vielleicht zu spät bemerken, dass Sie sich in der Nähe von Toxicodendrons aufgehalten haben. Es kann mehrere Tage dauern, bis die allergische Reaktion sichtbar wird. Doch die anschließenden Ausschläge dauern zwei bis drei Wochen an. Bäder in Haferbrei können zwar die Schmerzen lindern, doch extreme Fälle müssen mit Steroiden behandelt werden – und können nur noch darauf warten, dass das Schlimmste vorbeigeht. Glücklicherweise sind Allergien nicht ansteckend. Die Blessuren werden Sie vermutlich an die Couch fesseln, doch wenigstens bleibt Ihre Familie verschont.

Sogar die am weitesten verbreiteten Giftefeus und Gifteichen sind schwer zu erkennen. Camper verwenden einen einfachen Trick, um die Pflanzen zu bestimmen, die Urushiol enthalten: Wickeln Sie vorsichtig ein Blatt weißes Papier um Stiel oder Blatt der fraglichen Pflanze, und zerdrücken Sie sie, ohne dabei mit ihr in Berührung zu kommen. Sollte die Pflanze Urushiol enthalten, erscheint schon bald ein brauner Fleck auf dem Papier, der sich binnen weniger Stunden schwarz färbt.

Sollten Sie allergisch auf Giftefeu, -eiche oder -sumach sein, so ist es sehr wahrscheinlich, dass Sie auch auf ihre Verwandten allergisch reagieren:

CASHEWBAUM   Anacardium occidentale

Die Nüsse sind nur dann unbedenklich, wenn sie zuvor mit Wasserdampf behandelt wurden. Die Öle des Baums, darunter auch das Öl der Frucht, von der die Nuss baumelt (der Cashew-Apfel), können Ausschläge verursachen, die genauso aussehen wie allergische Reaktionen auf Gifteichen.

MANGOBAUM   Mangifera indica

Mit Ausnahme des Fruchtinneren bildet der Mangobaum überall ätherische Öle. Wer schon einmal auf Gifteichen mit schweren Allergien reagiert hat, sollte sich vor der Fruchtschale und anderen Teilen des Baums hüten.

LACKBAUM   Toxicodendron vernicifluum

Wurde seit Jahrhunderten zur Herstellung von Lacken verwendet, ist aber extrem schwierig zu verarbeiten und stellt eine echte Gefahr dar. Sogar Lacke auf alten Särgen haben schon zu Ausschlägen geführt.

SCHWARZES BILSENKRAUT

HYOSCYAMUS NIGER

FAMILIE: Solanaceae (Nachtschattengewächse)
HABITAT: In gemäßigten Klimazonen weit verbreitet
VERBREITUNG: Europäischer Mittelmeerraum, Nordafrika
NAMEN: Hexenkraut, der englische Name Henbane
                          bedeutet wörtlich übersetzt »Hennenmör-
                          der«.

Dieses besonders boshafte, auch als Hexenkraut bekannte Gemüse war Legenden zufolge eine wichtige
Beigabe zu den mittelalterlichen Flug- und Hexensalben.
Eine Salbe aus Bilsenkraut, Tollkirsche, Alraunen und einigen anderen tödlichen Pflanzen würde aber auch jedem
weismachen, fliegen zu können, und Mischungen wie diese
hießen nicht umsonst »des Teufels Rezept«. In der Türkei
kennen die Kinder ein Spiel, in dem sie verschiedene Teile
einer bestimmten Pflanze essen. Eine medizinische Studie
konnte zeigen, dass ein Viertel der Kinder, die dieses Spiel
mitmachten, nach dem Verzehr von Bilsenkraut ernsthafte Vergiftungserscheinungen zeigten. Fünf von ihnen
fielen in ein Koma, zwei starben.

Hyoscyamus niger ist eine krautige, ein- oder zweijährige Pflanze, die lediglich 30 bis 60 Zentimeter hoch wächst
und gelbe Blüten mit »grellpurpurnen Adern« bildet. Die
schmalen, ovalen Samen sind von dunkelgelber Farbe und
genauso giftig wie der gesamte Rest der Pflanze.

Wenngleich auch Bilsenkraut, ganz ähnlich wie seine Verwandten Stechapfel und Tollkirsche, Alkaloide enthält, ist es doch vor allem wegen seines strengen Geruchs berüchtigt. Plinius der Ältere schrieb, dass die verschiedenen Bilsenkraut-Arten »wie der Wein auf Kopf und Sinne wirkt und dass auf den Genuss von mehr als 4 Blättern Wahnsinn eintritt«. Tatsächlich berichten Mitarbeiter des Giftgartens von Alnwick im Norden Englands, dass zwei Gäste an einem heißen Tag in der Nähe des Bilsenkrauts in Ohnmacht gefallen sind. Ob dies nun an der Hitze oder an der einschläfernden Wirkung der Pflanze lag, weiß niemand so genau, doch seither wird den Gästen in Alnwick empfohlen, einen Bogen um das Bilsenkraut zu machen.

Im Mittelalter wurde Bilsenkraut dem Bier beigemischt, um dessen berauschende Wirkung zu erhöhen. Um das Kraut und andere suspekte Stoffe aus dem Bier zu verbannen, befahl das Bayrische Reinheitsgebot von 1516, dass Bier nur mit Hopfen, Malz und Wasser gebraut werden darf. (Hefe wurde erst später wieder erlaubt, als man ihre Wirkung besser verstand.)

Bilsenkraut wurde seit römischer Zeit als (sehr riskantes) Narkosemittel eingesetzt und erst im 19. Jahrhundert durch Äther und Chloroform ersetzt. Ein »einschläfernder Schwamm« wurde in eine Tinktur aus Bilsenkraut, Schlafmohn und Alraunen getaucht. Danach trocknete und lagerte man ihn, um ihn später mit heißem Wasser zu befeuchten, woraufhin er von den glücklosen Operations-Opfern inhaliert werden musste. Wer doch ein wenig Glück hatte, gelangte in einen Dämmerschlaf und wachte später ohne Erinnerung an das Prozedere wieder auf. Allerdings schwankte die Qualität dieses Tranks sehr: War er zu schwach, bekam der Patient alles mit; war er zu stark,

konnte es vorkommen, dass der Patient nie wieder irgend-
etwas mitbekam.

FAMILIENBANDE: Andere *Hyoscyamus*-Arten
wie *H. albus*, also das weiße oder helle Bilsenkraut, und *H. muticus*, bekannt als Ägyp-
tisches Bilsenkraut, sind ebenso giftig.

UND MORGEN FOLGT
DER KATZENJAMMER

*Einige Tiere sind ja schlau genug, die Pflanzen zu meiden, die
ihnen schaden könnten. Aber wie sicher sind Sie sich, dass Ihre
dazugehören? Ein gelangweiltes oder lange Zeit überbehütetes
Tier könnte durchaus in Versuchung geraten, von einer dieser
weit verbreiteten Pflanzen zu probieren. Die Giftnotzentrale der*
Amerikanischen Gesellschaft zur Verhütung

von Grausamkeit gegen Tiere *erhält jährlich fast 10 000 Anrufe
wegen Pflanzenvergiftungen. Neben den Sagopalmfarnen verursachen auch die folgenden Pflanzen die »Lieblingssymptome«
aller Tierliebhaber: Erbrechen
und Dünnpfiff. Einige er-
weisen sich sogar als tödlich. Hier also eine böse
Reihe tierfeindlicher Kräuter:*

ALOE VERA   Aloe vera

Zwar zur Behandlung von Verbrennungen und Kratzern
bestens geeignet, verursachen die in Aloe Vera enthaltenen Saponine jedoch Krämpfe und Lähmungserscheinungen sowie schwere Reizungen in Mund, Rachen und Verdauungstrakt.

NARZISSEN und TULPEN   Narcissus spp. und Tulipa spp.

Die Zwiebeln enthalten eine Reihe von Giften, die übermäßigen Speichelfluss, Depressionen, Muskelzittern und Herzstörungen verursachen können. Der Geruch von Zwiebeldüngern, die Knochenmehl enthalten, erweist sich für so manchen Hund als unwiderstehlich. Er plündert ein neu angelegtes Beet und zerkaut gierig die Zwiebeln, bevor er merkt, dass er einen Riesenfehler begangen hat.

DIEFFENBACHIEN   Dieffenbachia spp.

Dieffenbachien gehören zu den beliebtesten Zimmerpflanzen. Sie enthalten Kalziumoxalate, die im Mundinneren zu Brennen, vermehrtem Speichelfluss und einer Schwellung der Zunge führen können. Auch ein irreparabler Leberschaden ist möglich.

KALANCHOE BLOSSFELDIANA   Kalanchoe blossfeldiana

Eine kleine Sukkulente mit leuchtend roten, gelben oder rosa Blüten, die oft als blühende Zimmerpflanze verkauft wird. Sie enthält Bufadienolide, eine Gruppe herzwirksamer Steroide.

LILIEN   Lilium spp.

Alle Teile der Lilie sind für Katzen giftig. Ihr Verzehr hat Nierenversagen und Tod innerhalb von 24 bis 48 Stunden zur Folge. Überlegen Sie es sich gut, ob Sie einen Topf Osterlilien auf die Fensterbank stellen, und halten Sie alle

Blumensträuße außer Reichweite Ihrer schnurrbärtigen Freunde.

MARIHUANA   Cannabis sativa

Marihuana kann das Nervensystem von Haustieren beeinträchtigen und zu Krämpfen und Komazuständen führen. Sollten Sie mit Ihrer bekifften Katze zum Tierarzt müssen, sagen Sie die Wahrheit, damit das Tier richtig behandelt wird. Und keine Angst: Tierärzte hören Ihre Version der Geschichte – »Die Pflanze gehört meinem Mitbewohner« – nicht zum ersten Mal.

NANDINE   Nandina domestica

Dieser auch als Himmelsbambus bekannte Strauch bildet Zyanid, mit schrecklichen Folgen: Krämpfe, Koma, Atemstillstand, Tod.

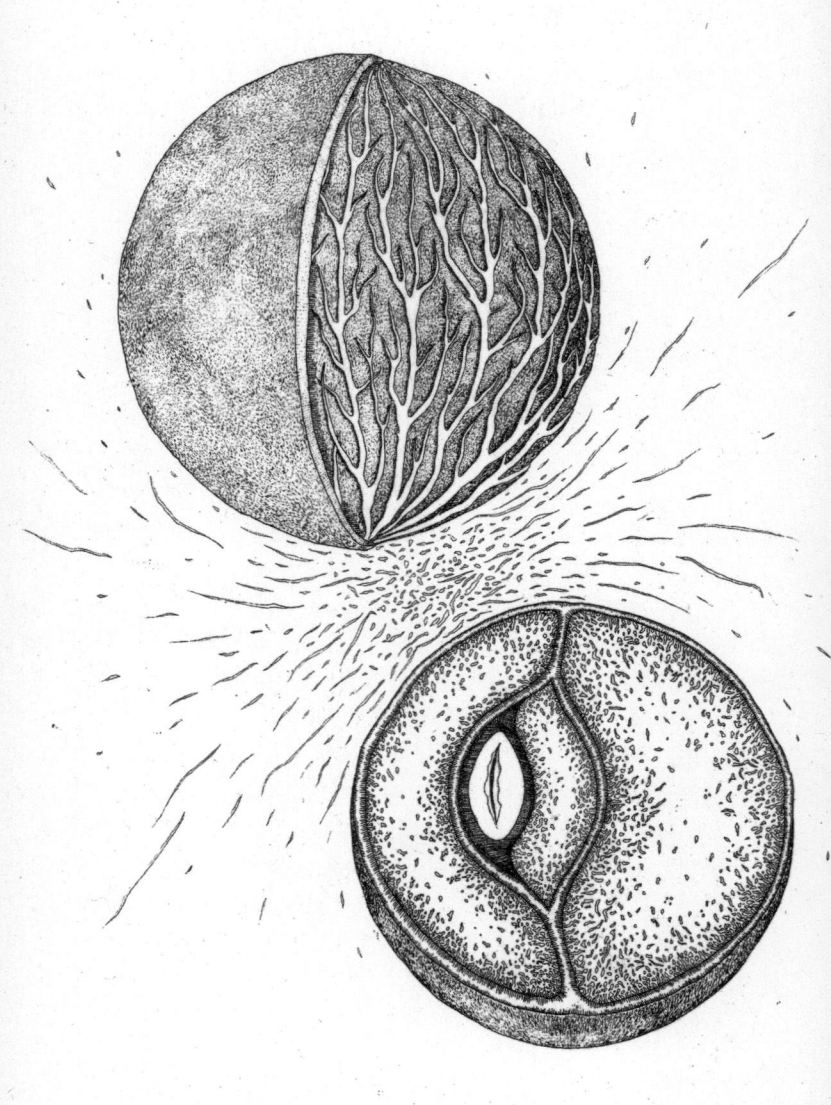

SELBSTMORDBAUM

CERBERA ODOLLAM

FAMILIE: Apocynaceae (Hundsgiftgewächse)
HABITAT: Mangrovensümpfe und Flussufer Süd-
               indiens und Südostasiens
VERBREITUNG: An den Küsten Indiens und im Westpazifik
NAMEN: Zerberusbaum, See-Mango

Die feuchten, brackigen Lagunen der Backwater von Kerala im Hinterland der Südwestküste Indiens beherbergen Bartaffen, Königsriesenhörnchen und Nilgiri-Tahrs, eine kleine, aber zähe Ziegenart. In diesen tiefliegenden, von Vipern, Pythons und Kiemensackwelsen bevölkerten Wasserwegen wächst *Cerbera odollam*, der Selbstmordbaum. Seine schmalen, dunkelgrünen Blätter ähneln jenen seines Cousins, des Oleander. Die sternförmigen weißen Blüten verbreiten einen Duft, der süß wie Jasmin ist. Die fleischigen grünen Früchte sehen aus wie kleine unreife Mangos, halten allerdings eine böse Überraschung bereit: In ihrem nussigen, weißen Fleisch findet man genug Glykoside, um den Herzschlag innerhalb von drei bis sechs Stunden zu stoppen.

Die Vorteile eines derart starken natürlichen Gifts blieb den Einheimischen nicht verborgen. Die Selbstmordrate in Kerala liegt etwa dreimal so hoch wie der indische Durchschnitt. Jeden Tag versuchen etwa 100 Bewohner Keralas sich umzubringen, 25 Prozent von ihnen erfolgreich. Ein dabei beliebtes Mittel ist Gift, das von 40 Prozent der Verzweifelten bevorzugt wird. Vor allem Frauen favorisieren für ihre letzte Mahlzeit einen Nachtisch aus Odollam-Nüssen mit Jagre, einem nicht raffinierten Zucker aus Palmsaft. Doch der bittere Geschmack der Nuss kann auch durch eines der regionalen Currys, die mit Kokosnuss und Reis serviert werden, überdeckt werden.

Weil die Symptome einer Odollam-Vergiftung denen eines Herzinfarkts ähneln, wurden die Samen auch als Mordwaffe eingesetzt. Im Jahr 2004 gelang es einem Team aus französischen und indischen Wissenschaftlern, mithilfe von Flüssigkeitschromatographie und Massenspektrometrie zu beweisen, dass viele, die unter mysteriösen Umständen den Tod fanden, in Wahrheit von mörderischen Bekannten mit Odollam gespeist wurden.

Die Gattung *Cerbera* wurde nach Zerberus benannt, in der griechischen Mythologie der Hund aus dem Hades, eine dreiköpfige Bestie, deren Schwanz eine Schlange ist. Er bewachte das Tor zur Hölle, wo er die Toten für immer gefangen hielt und den Lebenden den Eintritt verwehrte. Ihr Erfolg als Selbstmordinstrument verlieh der Pflanze ihren umgangssprachlichen Namen.

Soweit bekannt ist, gibt es auf der Welt keine Pflanze, die für mehr Selbstmordtode verantwortlich zeichnet als der Odollam-Baum.

FAMILIENBANDE: *Cerbera* ist ein Cousin des giftigen Oleanders. Die Blüten von *C. manghas* ähneln der Plumeria. Obwohl alle Bäume und Sträucher der Gattung *Cerbera* duftend und wunderschön sind, werden sie Sie nichtsdestotrotz umbringen. Sogar der

Rauch ihres brennenden Holzes wird für gefährlich gehalten.

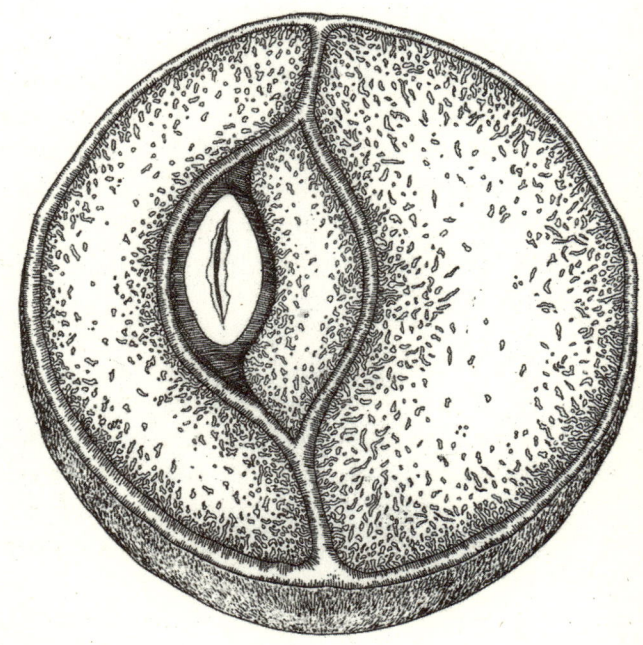

NICHT IN DIE NESSELN SETZEN!

Wie schmerzhaft können die winzig feinen Härchen einer Nessel schon sein? Die filigranen Trichome verhalten sich wie subkutane Nadeln, die ihr Gift unter die Haut spritzen, sobald man gegen sie streicht. Urtikaria, der medizinische Begriff für heftige, schmerzhafte Quaddeln auf der Haut, haben ihren Namen vom lateinischen Wort für Nessel, urtica.

Zwar wird eine Vielzahl von Pflanzen als Nesseln bezeichnet, doch echte Nesseln stammen aus der Familie der Urticaceae. Sie sind meist krautige Mehrjährige, die sich über unterirdische Rhizome vermehren und in ganz Nordamerika, Europa, Asien und Teilen Afrikas zu Hause sind. Mit einem Nesselstich geraten eine Reihe von Stoffen in den Körper, darunter Weinsäure, ein Muskelgift, das in vielen Früchten und Gemüsesorten vorkommt und den Magen reizt. Auch Ameisensäure, ein Wirkstoff bei Bienen- und Ameisenstichen, kommt zu geringen Anteilen in Nesseln vor.

Glücklicherweise gibt es gegen Nesselstiche ein altes Hausmittel: Nesselsaft. Ja, der Saft aus zerdrückten Blättern soll der Säure der eigenen Nessel entgegenwirken. Auch Ampfer, eine krautige Pflanze, die oft in der Nähe von Nesseln wächst, kann Nesselstiche lindern – und Ampfer-

blätter sind glücklicherweise frei von scharfen, giftigen Dornen. Es gibt zwar kaum Beweise für die Wirksamkeit dieser Mittel, doch Experten stimmen darin überein, dass die Aufgabe, nach Ampfer zu suchen, den Geist zumindest von den Schmerzen ablenken könnte.

Doch über Nesseln gibt es nicht nur Schlechtes zu berichten: Junge Nesseltriebe, zur Entfernung der Härchen gekocht, sind im Frühjahr eine nahrhafte Delikatesse, und Rheumatiker lassen sich zur Linderung ihrer Gelenkschmerzen freiwillig stechen. Diese absichtliche Selbstgeißelung mit Nesseln hat sogar einen Namen: Urtikation.

GROSSE BRENNNESSEL   Urtica dioica

Die bekannteste Brennnessel wächst in großen Teilen der USA und Nordeuropa, wo auch immer sie auf feuchte Böden stößt. Die krautige Mehrjährige wird im Sommer etwa einen Meter hoch und bildet sich im Winter auf Bodenniveau zurück.

KLEINE BRENNNESSEL   Urtica urens

Das einjährige, niedrig wachsende Kraut wird von so manchem für die schmerzhafteste Pflanze der USA gehalten und wächst auch fast überall in Europa und dem Rest Nordamerikas.

NESSELBAUM oder ONGAONGA   Urtica ferox

Eine der schmerzhaftesten Pflanzen Neuseelands. Verursacht Ausschläge, Blasen und heftige Stiche, die mehrere Tage anhalten. Berichten zufolge kann ein Vollkörperkontakt Hunde und Pferde töten, möglicherweise durch den allergiebedingten anaphylaktischen Schock.

ORTIGA   Urera baccifera

Findet sich zwischen Mexiko und Brasilien. Ethnobotaniker berichten, dass die Shuar aus dem ecuadorianischen Amazonas die brennenden Blätter zur Bestrafung ihrer Kinder benutzten.

LAPORTEA-ARTEN   Laportea spp.

Wächst in tropischen und subtropischen Regionen Asiens und Australiens. Anders als bei den meisten Nesseln können die Stiche Wochen und Monate nachwirken und Atemprobleme auslösen. Selbst alte, trockene Äste, die seit Jahrzehnten vor sich hin rotten, können noch immer Schmerzen verursachen.

STECHAPFEL

DATURA STRAMONIUM

FAMILIE: Solanaceae (Nachtschattengewächse)
HABITAT: Gemäßigtes bis tropisches Klima
VERBREITUNG: Mittelamerika, Europa
NAMEN: Teufelsapfel, Dornapfel, Schlafkraut, Toll-
                      kraut

Die Siedler, die 1607 auf der zu Virginia gehörenden Jamestown-Insel landeten, glaubten vermutlich, einen idealen Außenposten gefunden zu haben. Die Insel verfügte über ausgezeichnete Beobachtungspunkte, von denen man nach spanischen Eroberern Ausschau halten konnte, einen tiefen, schifffahrtstauglichen Kanal und vor allem gab es auf der Insel keine Indianer. Allerdings dauerte es nicht lange, bis die glücklosen Siedler herausfanden, warum dem so war.

Denn nicht nur, dass die Insel von Moskitos heimgesucht wurde, ausschließlich brackiges Trinkwasser bot und Wild oder andere verlässliche Nahrungsquellen vermissen ließ – sie wurde auch von einem verführerisch schönen Kraut überwuchert. Einige machten den schrecklichen Fehler, dieses Kraut – den Stechapfel – in ihre Ernährung zu integrieren. Ihr grausamer Tod, der wahrscheinlich von Wahnvorstellungen, Zuckungen und Lungenversagen begleitet wurde, blieb ins Gedächtnis der Überlebenden und deren Kinder eingeschrieben. Als 70 Jahre später britische

Soldaten einmarschierten, um einen der ersten Aufstände der flügge gewordenen Kolonie zu unterdrücken, erinnerten sich die Siedler an die giftige Pflanze und mischten Stechapfelblätter in das Essen der feindlichen Soldaten.

Die britischen Soldaten starben zwar nicht, doch für elf Tage wurden sie völlig verrückt und mussten den Kolonisten kurzzeitig die Oberhand überlassen. Ein Historiker notierte:»Einer blies ständig eine Feder in die Luft, ein anderer warf rasend mit Strohhalmen nach ihr; und ein weiterer, splitternackt, saß wie ein Affe in einer Ecke, grinste und warf ihnen Grimassen zu. Ein Vierter küsste und begrabschte seine Kameraden.«

Zwar reichte der Stechapfel nicht, um die britische Herrschaft zu stürzen, doch diese Episode verlieh dem Kraut seinen Namen in der englischsprachigen Welt:»Jimson weed« ist die verkürzte, über Jahrhunderte entstandene Form von »Jamestown Weed«. Die Pflanze, in ganz Nordamerika beheimatet und im Südwesten allgegenwärtig, wird 50 bis 100 Zentimeter hoch und bildet 15 Zentimeter lange weiße oder violette trompetenförmige Blüten, die sich in der Nacht schließen. Die Stechapfelfrucht ist in etwa so groß wie ein kleines Ei, blassgrün und von Dornen übersät. Im Herbst gibt die Frucht eine große Menge giftiger Samen ab.

Die Folgen einer Stechapfelvergiftung ähneln jener mit *Atropa belladonna*. Die gesamte Pflanze und insbesondere die Samen enthalten Tropanalkaloide, die Halluzinationen und Krämpfe verursachen. Die Giftigkeit der Pflanzenteile variiert beträchtlich und ist auch von der Jahreszeit abhängig, was jedes Experiment mit ihr gefährlich macht. Ein Gelegenheitskonsument schrieb:»Das Schlimmste an dem Trip war, dass ich nicht mehr automatisch geatmet habe und mich zum Atmen über das Zwerchfell zwingen musste. Dieser Zustand hat die ganze Nacht angehalten.«

Eine Frau aus Kanada mischte Stechapfelsamen in Hamburger, weil sie glaubte, dass es sich um Würzmittel handele. (Die Samen lagen zum Trocknen über dem Ofen und sollten im Frühjahr im Garten gepflanzt werden.) Sie fiel für 24 Stunden in ein Koma, bevor sie das Bewusstsein wiedererlangte und den Ärzten mitteilen konnte, was passiert war. Sie und ihr Mann lagen drei Tage im Krankenhaus.

Teenager (und Erwachsene, die sich wie Teenager benehmen) auf der Suche nach dem schnellen Kick brauen aus den Blättern einen Tee, doch die Zubereitung dieses Getränks kann ein tödlicher Fehler sein. Angsteinflößende und aufwühlende Halluzinationen können sich langsam aufbauen und Tage andauern. Zu den weiteren üblichen Nebenwirkungen gehört Fieber, so hoch, dass es Gehirnzellen abtötet. Der Ausfall des vegetativen Nervensystems, das Herzschlag und Atmung reguliert, kann zu Koma und Tod führen.

FAMILIENBANDE: Als Mitglieder der Nachtschattenfamilie sind alle Daturas giftig. Die aufsehenerregende, blau-violette Toloache, *Datura inoxia*, wächst im Südwesten der USA. Die nahe verwandten Engelstrompeten sind eine beliebte Gartenpflanze.

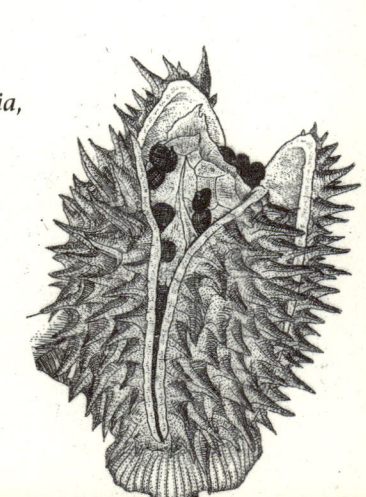

STRYCHNINBAUM

STRYCHNOS NUX-VOMICA

FAMILIE: Loganiaceae (Brechnussgewächse)
HABITAT: Tropische und subtropische Klimazonen;
                bevorzugt offene und sonnige Regionen
VERBREITUNG: Südostasien
NAMEN: Gewöhnliche Brechnuss, Krähenaugen-
                baum, Brechnussbaum

Dr. Thomas Neill Cream war ein Serienmörder aus dem 19. Jahrhundert, der bevorzugt mit Strychnin arbeitete, einem Gift, das aus den Samen eines bis zu 20 Meter hohen Baums stammt. Diese Samen eignen sich vorzüglich zur Tötung von Nagetieren und anderen Hausschädlingen – Strychnin wird auch als Rattengift verwendet –, und Cream fand heraus, dass es seine Wirkung auch bei lästigen Ehefrauen und Geliebten entfaltet.

Seine Laufbahn begann er in Kanada, wo er mit vorgehaltener Pistole gezwungen wurde, eine Frau zu heiraten, die er geschwängert hatte. Gleich nach der Hochzeit machte er sich aus dem Staub, kehrte aber später nach Kanada zurück. Kurz nach seiner Rückkehr starb die Verschmähte unter mysteriösen Umständen. Daraufhin begann er eine Affäre an der medizinischen Fakultät, die ebenfalls mit dem Tod der jungen Dame endete.

Später eröffnete er eine Praxis in Chicago. In dieser Zeit starb ein Mann an Strychninvergiftung, und dessen

Frau, statt selbst einzusitzen, verriet Cream, der ihr das Gift verschafft hatte.

Aber auch das konnte ihn nicht aufhalten. Nach zehn Jahren wurde Cream aus dem Gefängnis entlassen und stellte seine medizinischen Kenntnisse in den Dienst unglückseliger junger Londonerinnen, deren Tod oft auf andere Krankheiten, wie Alkoholismus, zurückgeführt wurde. Doch der wahre Grund für ihren Tod war das Puder aus Strychninsamen, das Cream in ihre Getränke mischte. Der Stolz auf seine Arbeit verleitete ihn dazu, mit seinen Erfolgen zu prahlen, was schließlich zu seiner Verhaftung führte. Im Alter von 42 Jahren wurde er vor Gericht gestellt, verurteilt und gehängt.

Strychnin übernimmt die Kontrolle über das Nervensystem, indem es eine Kette schmerzhafter Symptome auslöst. Ohne die Möglichkeit, das befeuerte Nervensystem zu bremsen, erleidet der Körper heftige Krämpfe. Der Rücken schmerzt und das Atmen wird schließlich unmöglich: Das Opfer stirbt an Atemlähmung oder aus schierer Erschöpfung. Die Symptome beginnen innerhalb von 30 Minuten und einige qualvolle Stunden später setzt der Tod ein. Bis dahin hat sich das Gesicht des Toten zu einer starren, vor Schrecken verzerrten Grimasse verzogen.

Gerüchten zufolge gehört Strychnin zu den Giften, an die sich der Körper langsam gewöhnt. Vom griechischen König Mithridates erzählt man sich, dass er langsam eine Resistenz gegen einen ganzen Strauß von Giften aufbaute, darunter auch Strychnin, um Überraschungsangriffe seiner Feinde überleben zu können – allerdings schluckte er seinen Trank erst, nachdem er ihn an Gefangenen ausprobiert hatte. Diese Legende inspirierte A. E. Housman zu folgenden Zeilen:

[Sie] tropften Strychnin in den Pokal
sie schreckten auf: Er trank's zumal.
Weiß wie ihr Hemd, von Angst gescheucht,
von ihrem eigenen Gift verseucht,
sie starben. Ich erzähl's euch, wie ich's weiß:
Mithridates starb als Greis.

Im *Graf von Monte Christo* beschreibt Alexandre Dumas ein anderes Gift aus dem Samen des Strychninbaums, Brucine, und behauptet, dass die Toleranz nach Einnahme anfänglich minimaler Dosen gesteigert werden könne: »Nach Verlauf eines Monats endlich werden Sie, Wasser aus derselben Flasche trinkend, die Person töten, die zugleich mit Ihnen von diesem Wasser getrunken hat, ohne an etwas anderem, als an einer leichten Unbehaglichkeit wahrzunehmen, daß irgendeine giftige Substanz mit dem Wasser versmischt gewesen ist.«

FAMILIENBANDE: Die Rinde von *Strychnos toxifera* kann verkocht und als Pfeilgift verwendet werden. *S. potatorum* wird in Indien zur Reinigung von Wasser eingesetzt: Es tötet schädliche Mikroben.

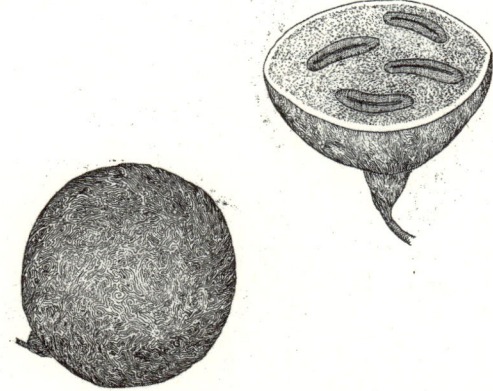

KARNIVOREN

Fleischfressende Pflanzen wissen,
wie sie das Beste aus ihrer miss-
lichen Lage machen. Viele
von ihnen leben in Mooren
und Feuchtgebieten, wo
Nahrung rar ist. Deshalb
haben sie ausgeklügelte
Methoden entwickelt, um
lebende Kreaturen in die
Falle zu locken.

WASSERSCHLÄUCHE   Utricularia spp.

Winzige Pflanzen, die in feuchten Böden und in Gewäs-
sern leben, und mit dem Wasser noch winzigere Insekten
in blasenartige Fallen saugen, sobald ihre Härchen gereizt
werden. Die Fallen stellen sich nach etwa 30 Minuten neu,
was die Wasserschläuche zu außergewöhnlich gefräßigen
Pflanzen macht. Einige Wasserschlaucharten sind groß genug, um Mückenlarven und Kaulquappen zu verzehren.

FETTKRÄUTER   Pinguicula spp.

Zierliche veilchenartige Blüten täuschen über die karnivore Natur dieser Pflanze hinweg. Die Blätter sondern
glitschigen Schleim ab, der Fruchtfliegen und Mücken in
ihr Verderben lockt. Von den Blättern abgesonderte Ver-
dauungsenzyme zersetzen die Körper der Insekten und
lassen nichts als leere Chitinpanzer zurück.

VENUSFLIEGENFALLE   Dionea muscipula

Vielleicht die bekannteste karnivore und dabei einfach zu pflegende Hauspflanze. Ihre Fangblätter bleiben geöffnet und sondern einen süßen Nektar ab, der Insekten anzieht. Sobald eine Fliege in die Pflanze eindringt, schnappt die Falle zu. Daraufhin entlassen Drüsen auf den Blattinnenseiten Verdauungssäfte, die das todgeweihte Insekt ertränken. Es kann bis zu einer Woche dauern, bis eine Venusfliegenfalle ihre Beute verspeist hat, und manche Pflanzen verzehren in ihrem Leben nur einige wenige Insekten. Zwar kann man sie dazu bringen, ihre Fallen zuschnappen zu lassen, indem man einen Finger an ihnen reibt, doch wahre Karnivoren-Fans halten dies für äußerst unhöflich.

SCHLAUCH- und KANNENPFLANZEN   Sarracenia spp., Nepenthes spp.

Diese prächtigsten aller fleischfressenden Pflanzen wachsen bis zu 30 Zentimeter hoch und bilden außerirdisch schöne Blüten. In Amerika ist vor allem die einheimische Familie der *Sarraceniaceae* (Schlauchpflanzengewächse) bekannt, zu der mehrere große, flötenähnliche Moorpflanzen mit leuchtend roten und weißen Mustern zählen. Insekten, vom Nektar angezogen, dringen in die Flöten der Schlauchpflanzen ein und werden von den Verdauungssäften, die sich im unteren Bereich der Pflanze befinden, ertränkt. Sie werden auch als Zimmerpflanzen gezogen. An wohlgenährten Exemplaren kann man eine Autopsie vornehmen, indem man eines der trompetenförmigen Blätter längs einschneidet – und so ein Massengrab für tote Fliegen freilegt.

Die Essgewohnheiten der *Nepenthes* unterscheiden sich ein wenig. Diese Pflanzen, die in den Dschungeln von Borneo gedeihen und in ganz Südostasien vorkommen können, bilden hoch wachsende, den Kletterpflanzen ähnliche Stämme, von denen kannenförmige Blüten herabhängen, die die Beute anlocken. Einige von ihnen enthalten bis zu einem Liter Verdauungsflüssigkeit. Nepenthes ernähren sich im Allgemeinen von Ameisen und anderen kleinen Insekten, doch man weiß, dass sie sich von Zeit zu Zeit auch zu üppigeren Mahlzeiten hinreißen lassen. Im Jahr 2006 beschwerten sich Besucher im Jardin Botanique von Lyon über einen abscheulichen Gestank, der im Gewächshaus herrschte. Das Personal nahm Untersuchungen auf und fand in einem großen Exemplar einer *Nepenthes truncata* eine nur teilweise verdaute Maus.

GEWÖHNLICHES OSTERLUZEI — Aristolochia clematitis

Die bizarren Blüten dieser Kletterpflanze erinnern entfernt an Pfeifen, weshalb sie auch als *Pfeifenwinde* bekannt ist. Die Griechen der Antike assoziierten mit der Form der Blüten etwas ganz anderes: ein Baby, das aus dem Geburtskanal austritt. Damals wurden Pflanzen oft als Heilmittel für jene Körperteile eingesetzt, denen sie ähnelten. So wurde das Osterluzei Frauen gegeben, die Schwierigkeiten beim Gebären hatten, und nicht damit gerechnet, dass die Kletterpflanze sehr giftig und krebserregend ist. Sicher hat es die Frauen eher umgebracht, als ihnen geholfen.

Das Osterluzei lockt mit intensiven Düften und klebrigen Blüten, hält die Fliegen allerdings nur lange genug gefangen, um sie mit Pollen zu überziehen. Sobald die klebrigen Härchen getrocknet sind, können die Fliegen fliehen und bestäuben andere Pflanzen.

TABAK

NICOTIANA TABACUM

FAMILIE:	Solanaceae (Nachtschattengewächse)
HABITAT:	Warme, tropische und subtropische Gebiete mit milden Wintern
VERBREITUNG:	Südamerika
NAMEN:	Peruanisches Bilsenkraut, Indianischer Beinwell

Ein Blatt, das so giftig ist, dass es weltweit 90 Millionen Menschen das Leben gekostet hat; so stark, dass es allein durch Hautkontakt töten kann; so suchterzeugend, dass es zum Krieg gegen die Ureinwohner Amerikas aufhetzte; so mächtig, dass es zur Einführung der Sklaverei in den amerikanischen Südstaaten führte; und so gewinnbringend, dass es einen global operierenden Industriezweig hervorbrachte, der mehr als 300 Milliarden Dollar wert ist.

Die opportunistische kleine Pflanze enthält das Alkaloid Nikotin, das Insekten abwehrt. Doch aus Sicht der Pflanze hat Nikotin noch eine weitaus sinnvollere Funktion: Es ist so suchterzeugend, dass es die Menschen davon überzeugen konnte, die Pflanze in Massen anzubauen. Mittlerweile besetzt Tabak weltweit vier Millionen Hektar Land und kostete jedes Jahr fünf Millionen Menschen das Leben – damit ist sie eine der mächtigsten und tödlichsten Pflanzen. Etwa 1,3 Milliarden Menschen halten die Pflanze jeden Tag zwischen ihren zitternden Fingern.

Der Anbau von *Nicotiana* begann etwa 5000 v. Chr. in Amerika. Es gibt Hinweise, dass die Ureinwohner die Blätter schon vor 2000 Jahren geraucht haben, doch erst als die Europäer diese Praxis bei ihrer Ankunft in Amerika beobachteten, begann die Verbreitung im Rest der Welt. Innerhalb eines Jahrhunderts war Tabak nach Indien, Japan, Afrika, China, Europa und in den Nahen Osten ausgewandert. Die Blätter selbst, später spezielle »Tabaknoten«, die die Qualität der Tabakernte bescheinigten, wurden in Virginia als gesetzliches Zahlungsmittel verwendet. Der amerikanische Sklavenhandel entstand aus der Notwendigkeit, dass für die profitreiche Tabakernte mehr und mehr Hände benötigt wurden. Die Menschen rauchten Tabak nicht nur zum Genuss, man glaubte auch, damit Migräne heilen, Plagen abwehren und, ironischerweise, Erkältungen und Krebs behandeln zu können.

Doch auch in den frühen Tagen wurde das Rauchen nicht von jedem begrüßt. Im Jahr 1604 nannte König Jakob I. von England es »widerwärtig, dem Gehirn schädlich und den Lungen gefährlich«. Sein Urteil wurde in den folgenden 400 Jahren immer wieder bestätigt, dennoch stieg der Konsum von Tabak stetig an.

Nikotin ist ein so starkes Nervengift, dass es in Insektenschutzmittel verwendet wird. Ein Blatt zu schlucken ist noch weitaus schädlicher, als eine Zigarette zu rauchen, da es den Großteil des Nikotins zerstört, wenn die Zigarette abgebrannt wird. Doch schon das Kauen weniger Blätter oder ein Tee aus ihnen führt zu Magenkrämpfen, Schweißausbrüchen, Atemproblemen, schweren Schwächeanfällen, Krämpfen und Tod. Auch ein längerer Hautkontakt kann gefährlich sein: Die »grüne Tabakkrankheit« zählt zum Berufsrisiko unter Feldarbeitern, die sich im Sommer über feuchte Tabakfelder bewegen müssen.

Doch Nikotin ist nicht die einzige Waffe, die diese Pflanzengattung besitzt. Baumtabak (*N. glauca*) wächst bis zu acht Meter hoch. Er ist in Kalifornien und dem Südwesten der USA weit verbreitet und vor allem als Träger eines weiteren giftigen Alkaloids bekannt: Anabasin. Die Einnahme nur weniger Blätter führt bereits zu Lähmungen und Tod. Als vor einigen Jahren in Texas ein Mann tot auf einem Feld aufgefunden wurde, zeigte erst eine Massenspektrometrie, dass sich in seinem Blutkreislauf das Gift des Baumtabaks befand.

Trotz der schädlichen Wirkungen setzt Tabak seinen Todesmarsch fort. Jährlich werden so viele Zigaretten hergestellt, dass man jedem Mann, jeder Frau und jedem Kind auf der Erde 1000 Zigaretten anbieten könnte. Zur Produktpalette zählen auch Schnupf- und Kautabak sowie das traditionelle Betelpriem, das Tabak mit einer weiteren suchterzeugenden Pflanze, der Betelnuss, kombiniert. Unter einigen Stämmen Alaskas ist die Phellinus-Asche, auch Punkasche oder, in der Sprache der Einheimischen, *Iqmik* sehr beliebt: Es besteht aus einer Mischung aus Tabak und der Asche verbrannter Pilze, die unter Birken wachsen. Einige Stammesmitglieder glauben, es sei weniger gefährlich, weil es ein »natürliches« Produkt ist. Schwangere Frauen nehmen es und auch Kindern und zahnenden Babys wird gern davon gegeben. Doch das Nikotin in *Punk Ash* ist viel höher konzentriert als in Zigaretten und wird direkt ins Gehirn transportiert, weshalb *Punk Ash* von Gesundheitsbehörden bereits als »Freebase-Nikotin« bezeichnet wurde. (Freebase meint für gewöhnlich eine reinere, rauchbare Form des Wirkstoffes, zum Beispiel Crack im Vergleich zu Kokain.)

In Indien ist unter Frauen *Creamy Snuff* beliebt. Es wird wie Zahnpasta in der Tube verkauft und enthält außer Nikotin Klee, Minze und weitere schmackhafte Zutaten. Der Hersteller empfiehlt, sich damit morgens und abends – und »wann immer Sie es brauchen«, etwa wenn Sie sich »verzweifelt oder deprimiert« fühlen – die Zähne zu bürsten. Er schlägt vor, dass Sie »es eine Weile wirken lassen, bevor Sie Ihren Mund ausspülen«. Eine zufriedene Kundin gab an, dass sie es acht- bis zehnmal am Tag benutzt.

FAMILIENBANDE: Dieses teuflische Kraut ist Mitglied der Familie der Nachtschattengewächse. Zu seinen giftigeren Verwandten gehören der Stechapfel, der bittersüße Nachtschatten und das Bilsenkraut.

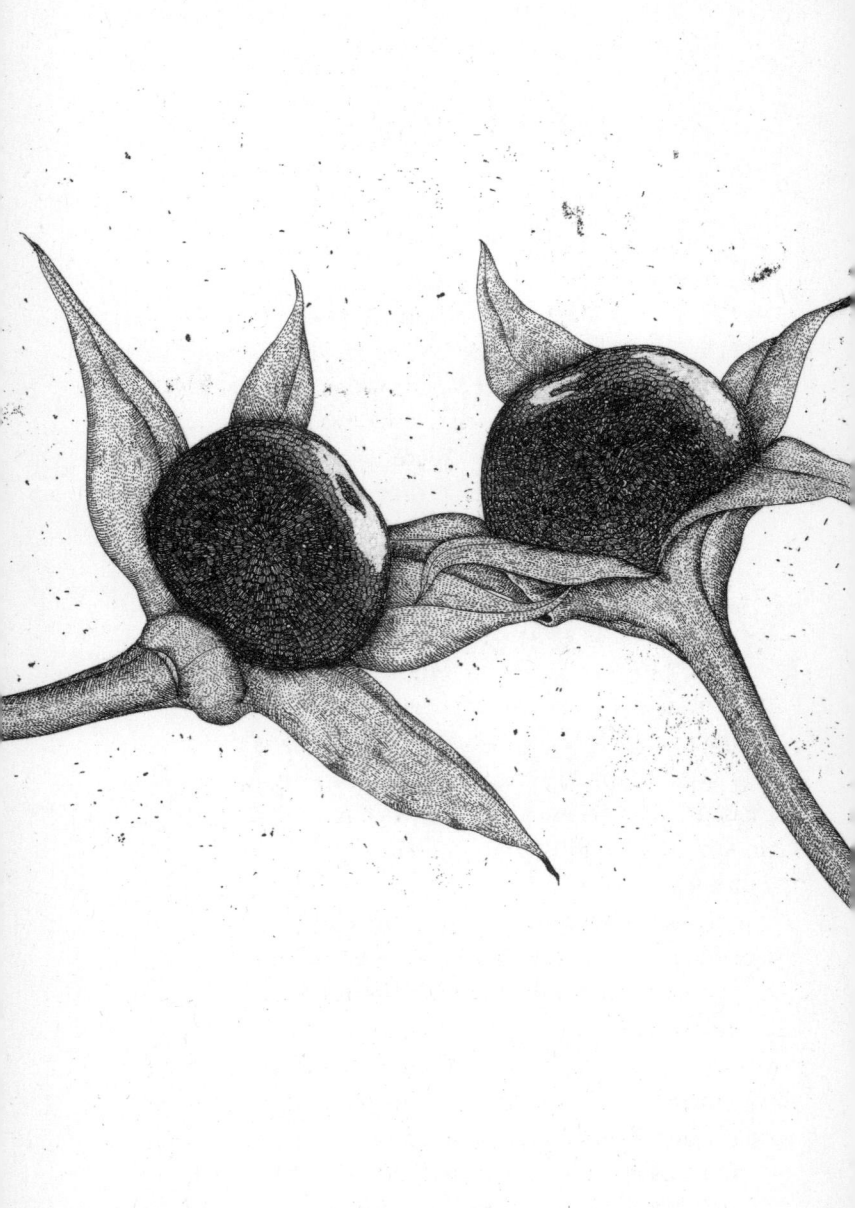

TOLLKIRSCHE

ATROPA BELLADONNA

FAMILIE: Solanaceae (Nachtschattengewächse)
HABITAT: Schattig-feuchte Gegenden; die Samen be-
                nötigen zur Keimung humusreiche Erde
VERBREITUNG: Europa, Asien, Nordamerika
NAMEN: Belladonna, Teufelskirsche, Wolfsbeere,
                Wutbeere, Dollwurz, Schwindelkirsche

Der Pflanzenforscher Henry G. Walters grübelte im Jahr 1915 über die Möglichkeit, fleischfressende mit giftigen Pflanzen zu kreuzen. Er glaubte, eine Giftpflanze mit »dem semimuskulären System fleischfressender Pflanzen wäre gefährlicher als Cholera«. Dr. Walters war überzeugt, dass Pflanzen liebesfähig seien und ein Gedächtnis besäßen – dass sie allerdings auch genauso nachtragend sein könnten wie verbitterte Liebende. Die Tollkirsche, so glaubte er, sei voller Hass.

Zwar ist die gesamte Pflanze giftig – schon ein leichtes Reiben kann Pusteln auf der Haut hervorrufen –, doch die schwarzen Beeren sind ihr verführerischstes Merkmal. Charles Wilson, ein Farmer aus Virginia, verlor im Jahr 1880 seine Kinder durch diese Beeren. Der knappe Nachruf lässt auf ein qualvolles Wochenende schließen: »Das erste und jüngste starb letzten Donnerstag, das zweite Sonntag Nacht und das dritte und letzte Kind am Montag.«

Noch heute gibt es in der medizinischen Literatur Berichte über Tollkirschvergiftungen. Eine ältere Frau wurde jedes Jahr zur selben Zeit mit einer Art Psychose ins Krankenhaus eingeliefert. Die Ärzte konnten den Grund für ihre Halluzinationen, Wahnvorstellungen und Kopfschmerzen jedoch nicht ausfindig machen. Nach einigen Tagen verschwanden die Symptome wieder von selbst. Schließlich brachte ihre Tochter eine Handvoll Beeren von einem Strauch mit, der in der Nähe ihres Hauses wuchs. Die Frau hatte jeden Herbst, wenn die Beeren reif waren, von der Tollkirsche genascht, es jedoch immer irgendwie geschafft, einer tödlichen Vergiftung zu entgehen.

Dies ist bei Weitem nicht der einzige Fall: Ein Paar erwarb sich seinen Platz in der Medizingeschichte, weil es beim Backen eines Kuchens Tollkirschen mit den weitaus bekömmlicheren Blaubeeren verwechselte. In der Türkei ergab eine Studie über Tollkirschvergiftungen, dass innerhalb von sechs Jahren 49 Kinder erkrankten. Die meisten hatten die Beeren aus Neugier gegessen, doch mindestens eines der Kinder war von seinen Eltern mit Tollkirschen gefüttert worden, in der falschen Hoffnung, so seinen Durchfall behandeln zu können.

Die Tollkirsche übt ihre dunkle Magie mithilfe des Alkaloids Atropin aus, das den Herzschlag beschleunigt und Verwirrungen, Halluzinationen und Krämpfe hervorruft. Die Symptome sind so unangenehm, dass man Atropin zuweilen suchterregenden Schmerzmitteln beifügt, um die Patienten vor einer möglichen Abhängigkeit zu schützen. Medizinstudenten lernen folgenden Merkspruch, um die Zeichen einer Atropinvergiftung zu erkennen: »Heiß wie ein Vulkan, blind wie ein Maulwurf, trocken wie ein Knochen, rot wie eine Tomate und verrückt wie der Hutmacher in Alices Wunderland.« (»Hot as a hare, blind as a bat, dry as a bone, red as a beet, and mad as a hatter.«) »Verrücktheit« meint in diesem Fall ein sinnentleertes Sprechen, das untrügliche Zeichen einer Tollkirschvergiftung.

Die Staude wächst an feuchten schattigen Plätzen in Europa, Asien und Nordamerika. Sie erreicht eine Höhe von circa einem Meter und bildet spitz zulaufende, oval geformte Blätter sowie braune, rohrförmige Blüten. Aus diesen Blüten gehen die glänzenden, schwarzen Beeren hervor, die zunächst harte, grüne Früchte sind und zu roten reifen, bevor sie schließlich im Herbst ihre volle dunkle Pracht erreichen.

Früher brauten Ärzte aus Tollkirschen, Schierling, Alraunen, Bilsenkraut, Opium und anderen Kräutern ein chirurgisches Anästhetikum. Noch heute wird Atropin in der Medizin eingesetzt und als Gegenmittel bei Nervengas- und Pestizidvergiftungen verschrieben.

Italienische Frauen weiteten mit milden Tollkirschtinkturen ihre Pupillen, weil sie glaubten, so anziehender zu wirken. Der Name »Belladonna« könnte sich daher ableiten – »Belladonna« bedeutet »schöne Frau« –, könnte jedoch auch auf die mittelalterliche *Buona Donna* zurückgehen, eine heilenden Hexe, die Mittellose mit geheimnisvollen Zaubertränken behandelte.

»Atropa« spielt auf eine der drei griechischen Schicksalsgöttinnen an. Jeder von ihnen war es auf ihre Weise bestimmt, das Schicksal der Menschen zu lenken: Lachesis bemaß den Lebensfaden bei der Geburt, Klotho spann den Faden, der das Schicksal kontrollierte, und am Ende, Zeit und Umstände bestimmte sie, brachte Atropos den Tod. Der berühmte englische Dichter John Milton fasste dies in folgende Verse:

Kappt blind die Furie mit der Schreckensschere
Des Lebens Dünngespinst

FAMILIENBANDE: Mitglied der großen und widerspenstigen Familie der Nachtschattengewächse, zu der auch Bilsenkräuter, Alraunen, Stechäpfel und der scharfe Habanero Chili gehören.

ALLE MANN IN DECKUNG!

So manch eigentlich wohlerzogene Pflanze kann – wenn sie sich bedroht fühlt – gewaltsam ihre Samen ausstoßen und sie mit halsbrecherischer Geschwindigkeit umherjagen. Sollten Sie eine dieser Pflanzen je ärgern, dann weichen Sie am besten zurück. Sie könnten Ihr Augenlicht verlieren – wenn es nicht noch schlimmer kommt.

SANDBÜCHSENBAUM   Hura crepitans

Der Tropenbaum, der auf den Westindischen Inseln sowie in Mittel- und Südamerika wächst, erreicht eine Höhe von 30 Metern und schindet Eindruck mit seinen riesigen, ovalen Blättern, rot glänzenden Blüten und scharfen Dornen. Sein Milchsaft ist so ätzend, dass er als Fisch- oder Pfeilgift eingesetzt wird. Vor allem aber sollte man sich vor den Früchten hüten, die mit einem lauten Knall explodieren, sobald sie reif sind. Ihre giftigen Samen fliegen bis zu 100 Meter weit, der Spitzname Dynamitbaum ist also mehr als verdient.

STECHGINSTER   Ulex europaeus

Wächst in englischen Mooren, wo gelbe Blumen die Luft mit einem Duft erfüllen, den nicht wenige mit Senf oder Kokos vergleichen. Der ursprünglich aus Europa stammende Stechginster neigt aufgrund seiner trockenen Zweige dazu, in Flammen aufzugehen. Dabei platzen die Samenkapseln auf und die Wurzeln verjüngen sich. An einem heißen Tag in der Nähe eines Stechginster zu sitzen, kann fatale Folgen haben: Die Kapseln explodieren ohne Vorwarnung und schleudern Samen mit einem Lärm in die Luft, als würde ein Gewehr abgefeuert.

SPRITZGURKE   Ecballium elaterium

Ein höchst ungewöhnliches Gemüse. Zwar gehört die Spritzgurke zur selben Familie wie Gurke, Flaschenkürbis und andere Kürbispflanzen, doch sollten Sie gar nicht erst daran denken, Ihren Speiseplan damit abwechslungsreicher gestalten zu wollen: Der Saft kann Erbrechen und Durchfall, bei Hautkontakt Entzündungen verursachen. Seine fünf Zentimeter langen Früchte sind dafür berühmt, zu zerplatzen, sobald sie reif sind, und zusammen mit den Samen einen glibberig-schleimigen Saft bis zu sieben Meter weit zu spritzen.

GUMMIBAUM   Hevea brasiliensis

Ursprünglich aus dem Amazonas-Dschungel, fand der Baum über Handel treibende britische Pflanzenforscher seinen Weg nach Europa. War der Nutzen des klebrigen Latex auch nicht unmittelbar einsichtig, so stellten Chemiker im 19. Jahrhundert schnell fest, dass man mit der Substanz Bleistiftstriche wegradieren, Mäntel wasserdicht machen und – dank der Experimente eines Amerikaners namens Goodyear – sogar Reifen herstellen konnte. In freier Wildbahn beherrscht der Baum einen weiteren Trick: Seine reifen Früchte explodieren im Herbst mit einem lauten Krachen und schleudern zyanidhaltige Samen mehrere Meter in alle Richtungen.

ZAUBERNUSS   Hamamelis virginiana

Ein beliebter Ureinwohner Nordamerikas, der im Herbst sternenförmige gelbe Blüten bildet. Ein Extrakt aus Rinde und Blättern wird als Adstringens gegen Insektenstiche und Prellungen angewendet. Die Zweige werden seit Langem als Wünschelruten eingesetzt, um Wasserquellen oder Minen aufzuspüren. Im Herbst schnappen die trockenen, braunen, eichelartigen Samenkapseln auf und schleudern die Samen bis zu zehn Meter weit.

ZWERGMISTEL   Arceuthobium spp.

Die Verwandte der zur Weihnachtszeit beliebten Mistel ist ein Parasit, der die Lebenssäfte von Nadelbäumen in Nordamerika und Europa anzapft. Es dauert mehr als eineinhalb Jahre, bis die Samen gereift sind, doch dann heben sie mit einer erstaunlichen Geschwindigkeit von bis zu 100 km/h ab – das ist so schnell, dass man sie kaum sehen kann.

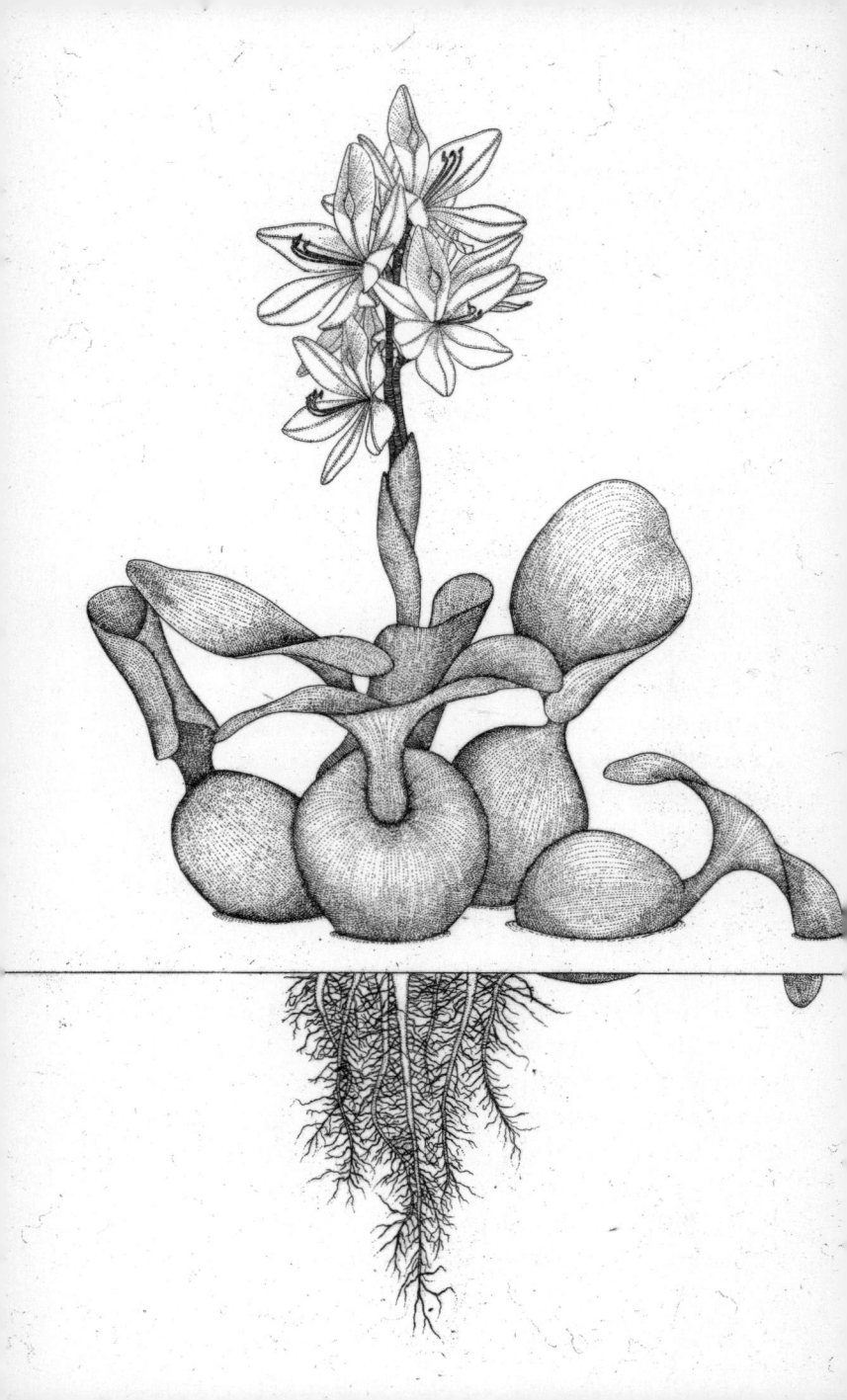

WASSERHYAZINTHE

EICHHORNIA CRASSIPES

FAMILIE: Pontederiaceae (Wasserhyazinthengewächse)

HABITAT: Tropische und subtropische Seen und Flüsse

VERBREITUNG: Südamerika

NAMEN: Dickstielige Wasserhyazinthe, *jacinthe d'eau, jacinto de agua*

Dieser südamerikanische Ureinwohner ist nicht schwer zu erkennen. Er wächst im Wasser etwa einen Meter hoch und trägt üppige, lavendelfarbene Blüten mit sechs Blütenblättern, von denen genau eines einen auffälligen gelben Klecks hat. Sie ist zwar wunderschön, doch die Verbrechen, die diese Wasserpflanze verübt hat, sind so zahlreich, dass sie für immer eingekerkert werden sollte – wenn das nur möglich wäre.

Wasserhyazinthen bilden dichte, wuchernde Matten auf der Wasseroberfläche, die sogar für Frachtschiffe unüberwindbar werden. Diese Matten bilden eigenständige Inseln und bieten anderen Halbwasserpflanzen und Gräsern so ideale Wachstumsbedingungen. Sie sind erschreckend produktiv und verdoppeln ihre Population alle zwei Wochen. Während natürliche Feinde erfolgreich die vollständige Besetzung des heimatlichen Amazonasgebiets verhindern konnten, hat die Pflanze in Asien, Australien, Amerika und Teilen Afrikas eine wahre Verbrechensserie hingelegt.

Sie ist so schrecklich, dass sie im *Guinness-Buch der Rekorde* als weltweit schlimmste Wasserpflanze geführt wird.

Zu ihren Vergehen zählen:

STAUUNG VON WASSERWEGEN: Die Pflanze erobert in Windeseile Seen, Teiche oder Flüsse, indem sie den Wasserstrom hemmt, den gesamten Sauerstoff aufsaugt und so andere Pflanzen erstickt.

BLOCKIERUNG VON KRAFTWERKEN: Ein starker Befall mit Wasserhyazinthen kann Wasserkraftwerke oder Dämme lahmlegen und bei Tausenden überraschter Hausbesitzer die Lichter ausknipsen.

AUSHUNGERN DER EINHEIMISCHEN: In Teilen Afrikas mussten Fischer zusehen, wie sich ihre Bestände wegen der Wasserhyazinthen halbierten. Die Menschen aus Papua-Neuguinea konnten nicht mehr fischen und zu ihren Farmen oder auf die Märkte kommen, weil ihnen die schwimmende Gefahr den Weg versperrte.

WASSERDIEBSTAHL: Derzeit ist in einigen Teilen Afrikas sauberes Trinkwasser deshalb so rar, weil die gierige Wasserhyazinthe es für sich allein beansprucht.

NÄHRSTOFFDIEBSTAHL: Zwar hat die Wasserhyazinthe verhaltenes Lob geerntet für ihre Fähigkeit, Schadstoffe wie Schwermetalle zu absorbieren, doch ihr unersättlicher Appetit macht es anderen winzigen Wasserbewohnern schwer, Nahrung in ausreichender Menge aufzunehmen. Sie verzehrt Stickstoff, Phosphor und andere wichtige Pflanzennährstoffe, bis nichts mehr übrig ist.

AUFZUCHT FIESER KRANKHEITSERREGER: Wasserhyazinthen können als Brutgebiet für Mücken dienen, die Malaria und das West-Nil-Fieber übertragen. Außerdem bietet sie Nahrung und Schutz für eine spezielle Art von Wasserschnecke, die wiederum ein besonders gastfreundlicher Wirt für verschiedene Arten parasitischer Plattwürmer ist. Sobald diese Würmer ihre Schnecken verlassen, schwimmen sie so lange herum, bis sie auf einen Menschen stoßen, den sie befallen können. Die daraus resultierende, in Entwicklungsländern weitverbreitete Krankheit heißt Schistosomiasis oder Schneckenfieber. Die kleinen Würmer bewegen sich frei im Körper, legen ihre Eier ins Gehirn, um die Wirbelsäule und in alle Organe, die ihnen einladend scheinen. Weltweit sind mehr als 100 Millionen Menschen infiziert.

SCHUTZ FÜR SEEMONSTER: Einem Bericht zufolge bieten Wasserhyazinthen günstige Schlupfwinkel für Schlangen und Krokodile, die somit einen unlauteren Vorteil gegenüber Seglern, Badenden und anderen Touristen genießen.

Wissenschaftler untersuchen die Möglichkeit, Insekten auf das gemeine Gras anzusetzen, doch gleichzeitig fürchten sie das Risiko, damit einen weiteren Umweltrowdy einzuführen. Wie es wohl weiter geht? Bleiben Sie dran – aber bleiben Sie von der Wasserhyazinthe weg!

FAMILIENBANDE: Es gibt sieben verschiedene Arten der Wasserhyazinthe und die meisten sind invasiv.

WASSERSCHIERLING

CICUTA SPP.

FAMILIE: Apiaceae (Doldenblütler)
HABITAT: Gemäßigte Klimazonen, in der Regel in
                Flussnähe oder Feuchtbiotopen
VERBREITUNG: Nordamerika
NAMEN: Borstenkraut, Dollkraut, Giftwüterich,
                Kuhtod, Parzenkraut, Scherte, Sumpfgift

Von vielen als eine der gefährlichsten Pflanzen betrachtet, wächst der Wasserschierling in ganz Europa
und den USA in Gräben, Sümpfen und auf Weiden. Mit
seinen platten, regenschirmförmigen Trauben weißer Blumen und seinem feinen Blattwerk erinnert er an essbare
Verwandte wie Koriander, Pastinaken oder Karotten. Und
tatsächlich haben fast alle Vergiftungen mit Wasserschierling ihren Grund darin, dass die Menschen fälschlicherweise glauben, seine Wurzeln seien essbar. Zu allem
Unglück haben die Wurzeln auch noch einen leicht süß-
lichen Geschmack, was den ein oder anderen zu einem
zweiten Bissen animieren könnte.

Dabei genügen bereits ein oder zwei kleine Happen,
um auf eine tödliche Dosis von Cicutoxin zu kommen.
Dieses Toxin der Pflanze stört das Zentralnervensystem,
und schnell treten Schwindel, Erbrechen und Krämpfe
auf. Ein kleiner Bissen von der Wurzel, dem giftigsten Teil
der Pflanze, kann ein Kind töten.

Anfang der 1990er-Jahre verwechselten zwei Brüder die Pflanze während einer Wanderung mit wildem Ginseng. Einer biss dreimal ab und starb innerhalb weniger Stunden, der andere nahm nur einen Bissen und kämpfte gegen Krämpfe und Delirium, überlebte aber nach der Behandlung auf der Intensivstation. In den 1930er-Jahren starben mehrere Kinder, nachdem sie aus den hohlen Stielen der Pflanze Flöten und Blasrohre gebastelt hatten.

In den USA kam es im 20. Jahrhundert zu insgesamt etwa 100 Todesfällen durch Wasserschierling, wobei Experten sogar glauben, dass die Dunkelziffer weitaus höher liegt, da die Opfer für gewöhnlich nicht mehr berichten können, was sie zu sich genommen haben.

Wasserschierling stellt auch für Haustiere und Viehherden eine Gefahr dar. Weil der Duft der Pflanze nicht so unangenehm wie der anderer Giftpflanzen ist, kommen sie eher in Versuchung, darauf zu weiden. Auch wenn reifer Wasserschierling von Traktoren entwurzelt wird, kann manch hungriges Tier nicht widerstehen. Gewöhnlich wirkt das Gift so schnell, dass die Tiere dem Tod bereits nahe sind, wenn sie entdeckt werden. Eine einzige Wurzel ist so giftig, dass sie eine 750 Kilo schwere Kuh töten könnte.

Das Kraut wächst bis zu zwei Meter hoch und hat lila Kleckse auf den Stielen. Die fleischigen Wurzeln enthalten das Gift in Form einer dicken gelblichen Flüssigkeit, die herausquillt, wenn man die Wurzeln aufschneidet. Die am weitesten verbreitete Art ist die *Ciguta maculata*.

Im Westen der USA und Kanada gedeiht *C. douglasii* auf Weiden und in Sümpfen. Sie bildet ungewöhnlich dicke Stiele und ihre Blüten sind so groß und fest, dass sie manchmal als Schnittblumen gepflückt werden. Doch das ist ein sehr gefährlicher Zimmerschmuck: Schon kleinste Mengen des giftigen Safts an den Händen könnten ihren Weg in den Blutkreislauf finden.

FAMILIENBANDE: Der Gefleckte Schierling, *Conium maculatum*, durch den Sokrates starb, ist ein Verwandter, genauso wie Petersilie, Karotten, Pastinaken und Dill.

ASOZIALE PFLANZEN

Das Benehmen einiger Pflanzen ist ekelhaft und schlichtweg beschämend. Allen voran die Brandstifter: Pflanzen, die Feuer als Waffe einsetzen, um für ihre Nachkommen Platz zu schaffen und Rivalen auszuschalten. Einige benötigen gar ein richtig heißes Feuer, damit ihre Samen keimen können. So manche Stadt in dürreanfälligen Gegenden veröffentlicht Listen mit entzündlichen Pflanzen, die vermieden werden sollen. Andere Missetäter stinken, sabbern oder bluten. Laden Sie bloß keinen dieser botanischen Asozialen auf Ihre nächste Gartenparty ein.

PYROMANEN

ASCHWURZ oder BRENNENDER BUSCH   Dictamnus
                                                                      albus

---

Die mehrjährige Blütenpflanze ist in Europa und Teilen Afrikas zu Hause. In einer heißen Sommernacht produziert die Pflanze so viele ätherische Öle, dass ein Streichholz genügt und sie geht in Flammen auf.

EUKALYPTUSBAUM   Eucalyptus spp.

Ursprünglich aus Australien, aber in Kalifornien eingebürgert. Das hochätherische Öl, das die Bäume produ-

zieren, half bei der Verbreitung der tödlichen Oakland-
Brände von 1991, die 25 Menschen das Leben kosteten und
Tausende von Häusern zerstörten.

PAMPASGRAS   Cortaderia selloana

Die ursprünglich aus Südamerika stammende Pflanze
hat sich im Westen der USA zu einem verhassten Eindringling gemausert. Jeder Grasklumpen kann über drei Meter
hoch wachsen und auf diese Weise trocken-spröde Bio-
masse bilden, die großflächige Feuer beschleunigt und
umlenkt.

CHAMISE   Adenostoma fasciculatum

Ein blühender Chaparral-Strauch, der entflammbares
Harz bildet; die Pflanze verjüngt sich durch Feuer und
zählt zu den ersten, die aus der versengten Erde neu auf-
keimen.

STINKER

TITANENWURZ   Amorphophallus titanium

Sieht aus wie eine riesige burgunderrote Calla. Sie
vegetiert mehrere Jahre ohne zu blühen vor sich hin, doch
wenn es so weit ist, produziert sie einen einzelnen blühenden Halm, der bis zu drei Meter hoch wächst und über
50 Kilo wiegt. Wenn eine Titanenwurz im botanischen
Garten blüht, bilden sich lange Schlangen von Menschen,
die sie sehen wollen. Allerdings werden die Schaulustigen
gewarnt, da der Gestank überwältigend sein kann.

RIESENRAFFLESIE   Rafflesia arnoldii

Bildet mit mehr als einem Meter Durchmesser die größte Einzelblüte der Welt. (Die riesige Titanenwurz besteht eigentlich aus einer Traube mit vielen kleinen Blüten an einem Halm, womit sie aus dem Rennen ist.) Dieser untersetzte, gefleckte orangefarbene Pflanzenparasit ist eine Blume, wie nur Botaniker sie lieben können. Sie bleiben nur wenige Tage frisch und stinken während der Blüte nach verwesendem Fleisch, ein Geruch, der in ihrer Heimat, dem indonesischen Dschungel, Fliegen anzieht, die sich von Aas ernähren.

WEISSE GREVILLEA   Grevillea leucopteris

Eine australische Pflanze aus der Familie der Zuckerbüsche, die wunderschöne Halme voller gelblich weißer Blüten bildet. Leider nähern sich ihr nur wenige Menschen. Sie stinkt nämlich nach muffigen alten Socken.

ÜBELRIECHENDE SCHWERTLILIE   Iris foetidissima

Eine liebliche englische Schwertlilie, deren lila und weiße Blüten die Luft mit einem Duft nach Roastbeef erfüllen. Einige Gärtner behaupten, dass der Duft eher brennendem Gummi, Knoblauch oder angefaultem rohem Fleisch ähnelt.

STINKENDE NIESWURZ   Helleborus foetidus

In England aufgrund ihrer neongrünen Blüten und dramatisch-dunklen Blätter beliebt. Doch zerkleinert man die Blätter, verbreiten sie einen Duft, den viele mit »Katze« und »Stinktier« assoziieren oder schlicht als »beißend und unangenehm« beschreiben.

STINKKOHL — Symplocarpus foetidus

Wächst in den Feuchtgebieten Nordamerikas und Teilen Asiens. Bekannt aufgrund seiner Fähigkeit, Wärme abzugeben. Im Winter kann Stinkkohl durch Frostböden stoßen und den umliegenden Schnee zum Schmelzen bringen, sodass er bereits vor den Frühlingsblumen blüht und Bestäuber anzieht. Zerkleinerte Stinkkohlblätter verbreiten einen unangenehmen Duft, der dem Stinktiersekret ähnelt.

GEMEINE DRACHENWURZ — Dracunculus vulgaris

Trotz ihres Geruchs nach faulem Fleisch unter Gärtnern sehr beliebt. Die Blumen, die jedes Frühjahr blühen, erinnern an violettschwarze Calla. Die Pflanze wächst bis zu einen Meter hoch, weshalb sie für jeden Garten eine Augenweide darstellt. Glücklicherweise stinken die Blumen nur während der wenigen Tage, in denen sie ihre volle Blüte erreichen.

AUFRECHTE WALDLILIE — Trillium erectum

Eine hübsche rote oder lilafarbene Lilie, die in den feuchten Waldgebieten des östlichen Nordamerikas gedeiht. Sie gehört zu den dezenter stinkenden Pflanzen. Botanikern zufolge hat sie einen moschusartigen Duft oder riecht »nach nassem Hund«.

EINFACH NUR WIDERLICH

RUTAKRAUT oder PARAGUAY-JABORANDI
Pilocarpus pennatifolius

Im Jahr 1898 berichtete das *King's American Dispensatory* über die starke Wirkung der Pflanze auf Speicheldrüsen, und erklärte, »die Absonderung von Speichel erhöht sich so sehr, dass jedes Sprechen peinlich wird, und die betroffene Person oft dazu gezwungen ist, sich nach vorn zu beugen, um das rasche Austreten des Speichels zu ermöglichen. Die Speicheldrüse sondert in dieser Zeit ein bis zwei Pint Speichel (also ein halber bis ein ganzer Liter!) oder mehr ab.«

Sie sollten jedoch davon absehen, dies als Partygag vorzuführen. Auf den Speichelfluss folgen Stunden voll Übelkeit, Schwindel und anderer unangenehmer Symptome. Zu den weiteren Pflanzen, die Sie zum Sabbern bringen, gehören die Betelnuss, die den Speichel glänzend rot färbt, aber auch die Kalabarbohne und der Bleistiftstrauch, die jedoch beide sehr unangenehme und bisweilen tödliche Nebenerscheinungen mit sich bringen.

DRACHENBLUT   Croton lechleri

Ein Strauch aus der Familie der Wolfsmilchgewächse, der vor dickem rotem Saft trieft. Dieses »Blut« wird von einigen Amazonasstämmen benutzt, um Blutungen und andere Beschwerden zu behandeln.

PTEROCARPUS-BAUM   Pterocarpus erinaceus

Sondert ein dunkelrotes Harz ab, das als Färbemittel verwendet wird. Sein Stamm zählt zu den Edelhölzern und seine Blätter sind hervorragendes Viehfutter. Außerdem wird dem Baum die ein oder andere Heilwirkung nachgesagt.

DRACO   Daemonorops draco

Wächst in Südostasien. Das rötlich braune Harz, das er ausscheidet, wurde früher gesammelt und in kleinen festen Brocken als »Red Rock Opium« verkauft. Giftzentralen wurden Ende der 1990er-Jahre auf die Substanz aufmerksam. Doch Labortests ergaben, dass sie keinerlei halluzinogene Eigenschaften hat und ganz gewiss kein Opium enthält.

WIESEN-JOCHLILIE

ZIGADENUS VENENOSUS, ANDERE

FAMILIE: Melanthiaceae (Germergewächse)
HABITAT: Wiesen und Weiden
VERBREITUNG: Nordamerika, hauptsächlich in der West-
                 hälfte
NAMEN: Zigadenie

Mehrere Arten der Jochlilie wachsen auf Weiden im Westen der USA. Die Zwiebelpflanzen haben riemchenförmige, grasähnliche Blätter und tragen Trauben sternförmiger Blüten mit rosa, weißen oder gelben Schattierungen. Die gesamte Pflanze enthält giftige Alkaloide, und obwohl das Niveau an Toxinen zwischen den Arten variiert, sollte man zu seiner eigenen Sicherheit davon ausgehen, dass alle hochgiftig sind. Der Verzehr sämtlicher Pflanzenteile einschließlich der Zwiebel verursacht vermehrten Speichelfluss bis hin zur Schaumbildung, Erbrechen, extreme Schwäche, einen unregelmäßigen Pulsschlag, Verwirrung und Schwindel. In Fällen schwerer Vergiftung gehören Krämpfe, Koma und Tod zu den finalen Symptomen.

Die Vergiftung durch Jochlilien stellt besonders für Viehherden ein großes Problem dar. Vor allem Schafe haben eine Schwäche für die Pflanze. Insbesondere im Frühjahr, wenn die Alternativen noch rar sind und der Boden oft feucht, gelingt es ihnen, die Pflanze zu entwurzeln. Für vergiftete Tiere gibt es keine Rettung, meist werden sie bereits tot aufgefunden.

Die Diätspezialistin und Ernährungshistorikerin Elaine Nelson McIntosh hat erst kürzlich entdeckt, dass Jochlilien die schreckliche Krankheit verursacht haben könnten, die Mitglieder der Lewis-und-Clark-Expedition ereilte. Im September 1805 überquerten die Forschungsreisenden die Bitterwood Mountains, eine extrem schwierige Passage in den Rocky Mountains. Sie waren angesichts der zur Neige gehenden Vorräte bereits der Verzweiflung nahe und litten an verschiedenen ernährungsbedingten Beschwerden, darunter Dehydrierung, entzündete Augen, Ausschläge, Eiterbeulen und nicht heilen wollende Wunden. Am 22. September gelang es der Gruppe, vom Stamm der Nez Perce etwas Nahrung zu erwerben, darunter trockenen Fisch und die Wurzeln von Prärielilien (*Camassia* spp.). Beides hatten die Männer zuvor ohne Probleme gegessen.

Doch diesmal wurden Expeditionsmitglieder schwer krank und litten unter Durchfall und Erbrechen. Lewis selbst war über zwei Wochen außer Gefecht gesetzt. McIntosh glaubt, die Expeditionsmitglieder seien aus Versehen vergiftet worden, weil sie Jochlilien statt der essbaren Prärielilien zu sich genommen hätten. Die Blumen hätten zu dieser Jahreszeit nicht geblüht, was ihre Identifizierung erschwerte, und sogar den ortsansässigen Indianern, die eigentlich mit den Zwiebeln vertraut sein sollten, könnte ein ungewollter Fehler unterlaufen sein. Die Expedition kam zum Stillstand, während sich die Männer erholten. Als sie schließlich weiterzogen, eilten sie einem Winter entgegen, der sie zwang, ihre Hunde zu essen und ihr Glück mit den Wurzeln anderer unbekannter Pflanzen zu versuchen.

FAMILIENBANDE: Einst den Lilien zugeordnet, wird die Jochlilie heute zu einer Familie unterschiedlicher Wildzwiebeln gerechnet, von denen viele giftig sind. Zu ihren Verwandten gehören die Nieswurz (*Veratrum album*) und die Waldlilien (*Trillium* spp.)

RAT MAL, WER ZUM ESSEN KOMMT

Pflanzen schützen sich nicht nur mit Giften und Dornen. Einige von ihnen rekrutieren sogar Insekten. Viele scheinbar harmlose Exemplare bewirten stechende Ameisen, Wespen und andere Kreaturen. Für ihre Dienste stellen sie den Insekten Nahrung und Unterkunft zur Verfügung.

NORDAMERIKANISCHE ROTEICHE   Quercus lobata

Viele Eichen bewirten Wespenarten, doch die in Kalifornien einheimische Roteiche ist die bekannteste und zugleich gastfreundlichste aller Eichen. Der Kreislauf beginnt, wenn eine Wespe ein Ei auf einem Eichenblatt ablegt. Daraufhin multiplizieren sich die Pflanzenzellen mit einer ungewöhnlich hohen Rate und formen einen »Galle« genannten Schutzkokon. Schließlich schlüpft aus dem Ei eine Larve, die in der Galle, die so groß wie ein Baseball werden kann, Schutz und Nahrung findet. Aus den Larven wachsen die Wespen.

Eine andere Wespenart regt die Roteiche zur Bildung

kleiner Gallen an, die vom Baum fallen. Diese Gallen hüpfen einige Tage herum, da die Wespen im Innern versuchen, sich zu befreien. Dies hat ihnen die Bezeichnung »springende Eichengallen« eingebracht.

FEIGEN   Ficus spp.

Die Beziehung zwischen Feigen und Wespen gehört zu den komplexesten im Pflanzenreich. Feigen bilden eigentlich keine Früchte – der fleischig-saftige Pfropfen, den viele Menschen gerne essen, ist tatsächlich eher ein geschwollener Zweigfortsatz mit den Überbleibseln von Blüten im Inneren und einer winzigen Öffnung an einem Ende. Feigenwespen, die so klein wie Ameisen sein können, brüten in diesem fruchtähnlichen Gebilde. Sobald sie geschlüpft ist, fliegt die weibliche Wespe zu einer anderen Feige, schlüpft hinein, bestäubt sie dabei und legt ihre Eier. Für gewöhnlich stirbt sie nach getaner Arbeit in der Feige. Während die Larven wachsen, ernähren sie sich von der Feige, und sobald sie ihre volle Größe erreicht haben, paaren sie sich untereinander. Danach beißt das Männchen ein Loch in die Feige, lässt das Weibchen entschlüpfen, und stirbt, nachdem es den einzigen Zweck seines Lebens erfüllt hat. Wenn die Wespen weitergezogen sind, reifen die »Früchte«, bis sie letztlich zu einer Nahrungsquelle für Mensch und Tier werden.

Feigenliebhaber fragen sich nun vielleicht, ob sie seit Jahren Wespenleichen essen; tatsächlich aber benötigen viele handelsübliche Früchte keinerlei Bestäubung, andere wieder werden zwar bestäubt, bewirten jedoch nicht die Eier der Wespen.

MEXIKANISCHE SPRINGBOHNEN — Sebastiana pavoniana

Springbohnen sind eigentlich die Samen eines in Mexiko heimischen Strauchs. Eine kleine braune Motte legt ihr Ei auf eine Samenkapsel, das Ei wächst zu einer Larve, die sich ihren Weg durch die Samenhülle frisst und das Loch danach mit selbstproduzierter Seide verschließt. Die Larve reagiert empfindlich auf Wärme und beginnt zu hüpfen, sobald man die Samen in Händen hält. Nach mehreren Monaten bildet die Larve eine Puppe, aus der schließlich eine ausgewachsene Motte schlüpft, die dann nur noch wenige Tage zu leben hat.

AMEISENKNOLLE — Hydnophytum formicarum

Diese südasiatische Pflanze ist ein Epiphyt, was bedeutet, dass sie auf anderen Bäumen wächst. Die Knolle der Pflanze schwillt an und bildet eine große hohle Blase, die einer ganzen Ameisenkolonie eine Heimat bietet. Die Ameisen bauen Wohnungen mit vielen Zimmern, darunter einen eigenen Raum für die Königin, einen Kindergarten für ihre Jungen und einen Raum für ihre Abfälle. Im Tausch für den Unterschlupf, den sie den Ameisen bietet, ernährt sich die Pflanze von den Abfallprodukten der Ameise.

RATTAN — Daemonorops spp.

Rattan wird aus der Palmengattung Daemonorops gewonnen, die im tropischen Regenwald wächst. Sie erreicht Höhen von bis zu 35 Meter, oft mit der Unterstützung an-

derer Bäume. Ameisen richten sich am Fuß der Rattan-
pflanzen ein. Wenn sie merken, dass die Pflanze angegriffen wird, schlagen sie mit ihren Köpfen gegen die Pflanze
und erschüttern das gesamte Gebilde. Gleich nachdem sie
Alarm geschlagen haben, schalten die Ameisenkolonien
auf Angriff um und verteidigen ihr Zuhause energisch gegen die Erntearbeiter.

WUNDERBAUM

RICINUS COMMUNIS

FAMILIE: Euphorbiaceae (Wolfsmilchgewächse)
HABITAT: Warme Klimazonen mit milden Wintern, fruchtbare Böden, sonnenreiche Regionen
VERBREITUNG: Ostafrika, Teile von Westasien
NAMEN: Christuspalme, Rizinus

An einem Morgen im Herbst 1978 wartete der kommunistische Überläufer und BBC-Journalist Georgi Markow auf der Londoner Waterloo Bridge auf den Bus, als er plötzlich einen schmerzhaften Stich im Oberschenkel spürte. Als er sich umdrehte, sah er gerade noch, wie ein Mann einen Regenschirm aufhob, eine Entschuldigung murmelte und davonlief. In den nächsten Tagen bekam Markow Fieber. Er hatte Schwierigkeiten zu sprechen, spuckte Blut und kurz nachdem er schließlich das Krankenhaus aufsuchte, starb er.

Der Pathologe fand in fast all seinen Organen Blutungen. Außerdem entdeckte er einen kleinen Einstich in Markows Oberschenkel und ein winziges Metallkügelchen in seinem Bein. Das Kügelchen enthielt Rizin, den giftigen Bestandteil des Wunderbaums. Obwohl KGB-Agenten verdächtigt wurden, konnte der berüchtigte »Regenschirmmörder« nie gefasst werden.

Der Wunderbaum kommt sowohl als schnellwüchsiger einjähriger als auch als zarter mehrjähriger Strauch vor. Er hat tief gelappte Blätter, stachlige Samenschoten und große gesprenkelte Samen. Einige der populäreren Gartenzüchtungen haben rote Stämme und tragen burgunderfarben gesprenkelte Blätter zur Schau. Falls sie nicht durch Winterfrost eingeht, wächst die Pflanze in einer einzigen Wachstumsperiode zu einem beachtlichen Busch von über vier Metern Höhe heran. Giftig sind nur die Samen, drei bis vier davon können bereits tödlich sein. Dennoch gibt es Menschen, die eine Rizinvergiftung überlebt haben, entweder weil sie die Samen nicht gründlich gekaut oder aber schnell verdaut hatten.

Rizinusöl war über Jahrhunderte ein beliebtes Hausmittel. (Das giftige Rizin wird während der Herstellung entfernt.) Ein Esslöffel des Öls ist ein wirksames Abführmittel. Äußerlich kann Rizinusöl gegen Muskelkater und Entzündungen angewendet werden. Auch in Kosmetika und anderen Produkten findet es seine Anwendung.

Doch selbst dieses natürliche Pflanzenöl ist nicht nur gutartig: In den 1920er-Jahren füllten Mussolinis Schergen gerne Dissidenten damit ab, die daraufhin unter einer höchst unangenehmen Diarrhö litten. Die Frau das Schriftstellers Sherwood Anderson hat die Folter mit Rizinusöl anschaulich beschrieben: »Es war amüsant, den Fascisti hinterherzusehen, wie sie in ihren schwarzen Hemden auf der Suche nach kreischenden Kommunisten die Straßen entlangjagten, sehr ernst und mit Flaschen bewaffnet, die aus ihren Gesäßtaschen hervorragten. Dann die Gefangennahme, der fürchterliche Angriff, bei dem sie einen glücklosen Roten auf den Bürgersteig warfen und ihm die Flasche in den Mund rammten, begleitet von dessen gedämpften Flüchen gegen alle Götter und Teufel des Universums.«

FAMILIENBANDE: Wolfsmilch (*Euphorbia*), vor allem aufgrund ihres ätzenden Milchsafts gefürchtet, der Christ- oder Adventsstern, zwar auch leicht hautreizend, jedoch entgegen diverser Gerüchte ungefährlich, und der Gummibaum, *Hevea brasiliensis*, die natürliche Kautschukquelle, sind mit dem Wunderbaum verwandt.

BITTE NICHT BETRETEN

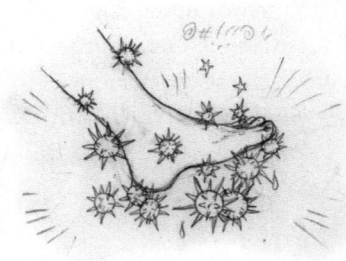

Weil sie sich an ein Tier oder einen unverhofft vorbeistreifenden Wanderer hängen, kommen manche Pflanzen ganz schön herum. Diese Gewächse warten nur darauf, hervorzuspringen und ihre Zähne in einen nackten Knöchel zu graben oder sich am Schwanz eines Golden Retrievers festzukrallen. Die winzigen, angelhakenartigen Stacheln verheißen nichts Gutes: Je mehr Sie an ihnen zerren, desto tiefer graben sie sich ein.

SPRINGENDER CHOLLA-KAKTUS   Cylindropuntia
                                           fulgida oder

TEDDYBÄR-CHOLLA   C. bigelovii

Kakteen, die im Südwesten der USA beheimatet sind. Wanderer schwören, dass die Pflanzen sich richtiggehend strecken, um nach Stiefeln und Hosenbeinen zu greifen. Tatsächlich sind die Stacheln so stark, dass schon eine leichte Berührung reicht, um ganze Pflanzenteile abzubrechen. Versuchen Sie nicht, sie herauszuziehen, denn dann werden sie in ihrer Hand stecken bleiben. Erfahrene Reisende haben einen Kamm bei sich, mit dem sie die Pflanze mit einer einzigen schnellen und schmerzhaften Bewegung wegbürsten.

AFRIKANISCHE TEUFELSKRALLE — Harpagophytum procumbens

Eine widerständige mehrjährige Kletterpflanze aus Südafrika. Ihre dornigen Samenkapseln erreichen einen Durchmesser von mehreren Zentimetern und jede Dornenspitze sieht aus wie ein Enterhaken. Die Pflanze bildet schöne rosa Blüten, die den Prunkwinden ähneln, doch wegen ihrer überdimensionierten und schmerzverursachenden Samen stellt sie für grasende Viehherden eine Bedrohung dar. Dabei bemüht sich die Teufelskralle sogar, den von ihr verursachten Schmerz wiedergutzumachen: Extrakte aus ihren Wurzeln sind mittlerweile eine beliebte Alternativmedizin bei Schmerzen und Entzündungen.

EINHORNPFLANZE — Proboscidea louisianica, P. altheaefolia, oder P. parviflora

Diese Pflanze ist im Süden und Westen der USA beheimatet, breitet sich am Boden aus und ähnelt einer Kürbispflanze. Sie trägt auffallende rosa oder gelbe Trompetenblüten, die Samenkapseln mit langen, gebogenen Haken bilden und sich leicht an Schuhen oder Hufen verfangen. Die Samen selbst sind von kleineren scharfen Dornen umgeben. Auch als Gemshorn und Klauenklette bekannt.

UNCARINA GRANDIDIERI — Uncarina grandidieri

Ein kleiner Baum aus Madagaskar, der unter Anhängern tropischer Pflanzen beliebt und in vielen botanischen Gärten der USA zu sehen ist. Er bildet herrliche, zehn Zentimeter lange gelbe Blüten, aus denen grüne Früchte wachsen, die von außerirdisch anmutenden Dornen umgeben sind. Jeder Dorn hat an seinem Ende einen kleinen Haken. Sobald die Frucht vertrocknet, wird die verbleibende Samenhülle zu einer echten Gefahr. Sicherlich wäre sie eine hervorragende Mausefalle, und Menschen, die in ihren Griff geraten sind, berichten, dass der Versuch, die Samenhülle wieder abzustreifen, so vergeblich ist, wie einer chinesischen Fingerfalle entkommen zu wollen.

MÄUSE-GERSTE   Hordeum murinum

Eine Wildgerstenart, die lange stachlige Samenköpfe bildet, die sich im Sommer in Hundefelle verirren. Zu den Gräsern mit ähnlichen Samenköpfen gehört auch die Großährige Trespe (*Bromus diandrus*). Sie ist so robust, dass sie die Magenschleimhaut von Tieren durchlöchern und sie sogar töten kann.

Mäuse-Gerste hat winzige Stacheln, die, einmal unter der Haut, nicht mehr gesehen und nur schwer entfernt werden können. Die äußere Hülle der Samenkapsel trägt ein Bakterium, das den Stacheln den Weg durch die Haut, sogar durch den ganzen Körper, erleichtert. Am anfälligsten sind Hunde: Tierärzte haben Mäuse-Gerste in ihren Gehirnen, Lungen und Wirbelsäulen gefunden.

GEWÖHNLICHE SPITZKLETTE   Xanthium strumarium

Ein weitverbreitetes Sommerkraut aus der Familie der Astern. Stammt aus Nordamerika, hat mittlerweile aber die ganze Welt erobert. Die Spitzklette bildet kleine, mit Dornen bedeckte Samenkapseln, und obwohl man die Kapseln recht leicht entfernen kann, sind sie dafür be-

kannt, die Wolle grasender Schafe vollkommen zu ruinie-
ren. Die Samen sind giftig. Zwar kommen die meisten
Menschen gar nicht erst in die Verlegenheit, sie zu essen,
doch der Viehbestand ist durchaus gefährdet.

KLETTEN Arctium lappa; A. minus, andere

Bilden distelförmige Haken, die sich in Kleidung und
Fell fressen. Blätter und Stängel reizen die Haut. Klettenhaken sind relativ einfach zu entfernen, doch sie haben
dieselbe Fischhakenform wie andere Stacheln und Klam-
merer. Diese Form erregte die Aufmerksamkeit von George
de Mestral, der die Idee zu seiner Erfindung des Klettver-
schlusses den Klettenhaken verdankte, die er nach einem
Spaziergang im Fell seines Hundes gefunden hatte.

IGEL-STACHELGRAS und UNKLARES STACHELGRAS
Cenchrus echinatus und C. incertus

Diese invasiven grasähnlichen Pflanzen haben sich im
gesamten Süden der USA angesiedelt. Sie verstecken sich
im Gras und bilden kleine scharfe Stacheln aus, mit denen
sie Picknicker quälen und Kinder bestrafen, die sich bar-
fuß auf den Rasen wagen. Stachelgräser gedeihen in san-
diger Erde mit geringem Nährstoffgehalt. Sie reizen die
Augen und Lippen von Vieh und verursachen entzünd-
liche Geschwüre. Eine Eindämmung ist schwierig. Einige
Südstaatler üben Rache, indem sie aus den Gräsern, Trau-
bensaft, Zucker und Champagnerhefe einen speziellen
Stachelgraswein brauen.

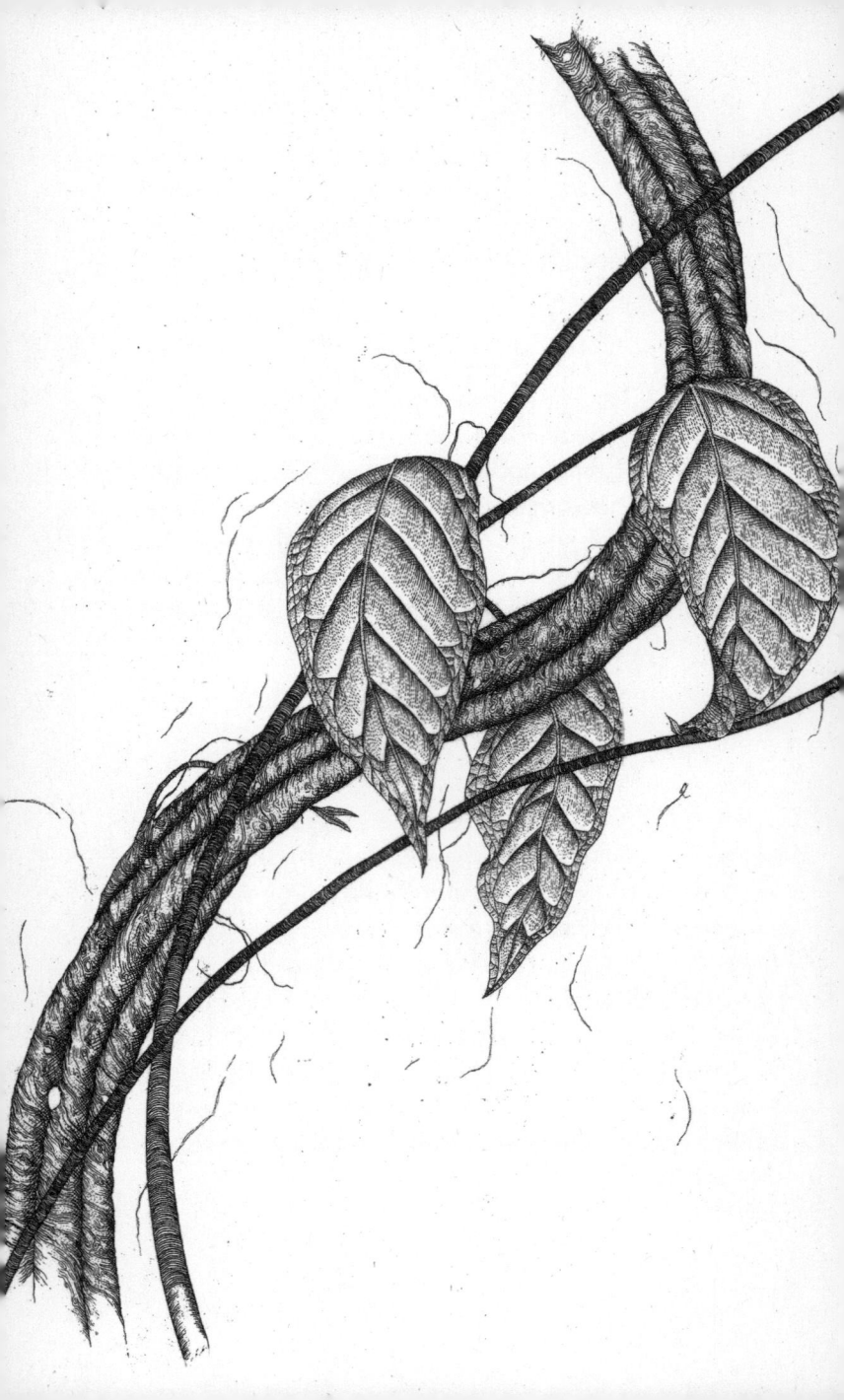

YAGÉ

BANISTERIOPSIS CAAPI

FAMILIE: Malpighiaceae (Malpighiengewächse)
HABITAT: Tropische Wälder Südamerikas
VERBREITUNG: Peru, Ecuador, Brasilien
NAMEN: Ayahuasca-Liane, Caapi, Natem, Dapa,
                Seelenkranke

UND CHACRUNA

PSYCHOTRIA VIRIDIS

FAMILIE: Rubiaceae (Rötegewächse)
HABITAT: Untere Amazonasgebiete, aber auch in an-
                deren Teilen Südamerikas
VERBREITUNG: Brasilien
NAMEN: Chacruna

William Burroughs hat am Amazonas Yagé-Tee getrunken und seine Erkenntnisse in den berühmten
Yagé-Briefen an Allen Ginsberg weitergegeben. Ob Alice
Walker, Paul Theroux, Paul Simon oder Sting: Sie alle haben
von dem Tee gekostet. Er war Gegenstand eines Patent-

streits, einer Verhandlung am Obersten Gerichtshof der USA und zahlreicher Drogenrazzien.

Das Gebräu aus Yagé-Rinde und Chacruna-Blättern ergibt einen starken Tee, bekannt als Yagé-Tee oder Ayahuasca-Tee. Chacruna enthält die starke psychoaktive Substanz DMT (Dimethyltryptamin), die von der US-Drogenbehörde in die Risikogruppe I eingestuft wird. Die Blätter müssen allerdings durch eine andere Pflanze, üblicherweise *Banisteriopsis caapi* aktiviert werden, damit sie ihre Wirkung entfalten. Letztere enthält einen natürlich vorkommenden Monoaminooxidase-Hemmer, der den Inhaltsstoffen in zahlreichen Antidepressiva gleicht. Bringen Sie die beiden zusammen, und Sie können sich auf ein wahrhaft bewusstseinserweiterndes Erlebnis gefasst machen.

Eine der bekanntesten religiösen Gruppen, die den Tee trinkt, ist die *União do Vegetal* oder UDV. Ihre Rituale dauern normalerweise mehrere Stunden und werden von einem erfahrenen Mitglied der Kirche beaufsichtigt. Die Teilnehmer berichten von bizarren Erscheinungen: »Dunkle Kreaturen segeln vorüber. Knäuel langer, zischender Schlangen. Drachen, die Feuer spucken. Schreiende menschenähnliche Gestalten.«

Die Zeremonie endet gewöhnlich mit heftigem Erbrechen. Das Erbrochene versinnbildlicht die Reinigung von psychischen Problemen oder Dämonen. Menschen, die an solchen Sitzungen teilgenommen haben, berichten, wie ihre Depressionen nachließen, sie eine Abhängigkeit überwinden lernten oder sich andere gesundheitliche Probleme in Luft auflösten. Obwohl diese Phänomene kaum durch klinische Beweise gestützt werden können, haben Wissenschaftler wiederholt auf die Ähnlichkeit von Ayahuasca und verschreibungspflichtigen Antidepressiva hingewiesen und genauere Untersuchungen gefordert.

Der Tee erregte auch die Aufmerksamkeit Jeffrey Bronfmans, eines Mitglieds der reichen Whiskey- und Gin-Familie Seagram. Bronfman gründete einen Zweig der UDV in den USA und begann mit dem Import des Tees. 1999 wurde eine Lieferung vom US-Zoll abgefangen, woraufhin Bronfman die Rückgabe des Tees einklagte. Der Fall ging bis zum Obersten Gerichtshof, der 2006 zugunsten Bronfmans urteilte und den Genuss des Tees zu religiösen Zwecken erlaubte. Die Entscheidung des Gerichts gründete vorrangig auf dem *Religious Freedom Restoration Act* (Gesetz zur Wiederherstellung der Religionsfreiheit von 1993), der auch bereits die Einnahme von Peyote zu religiösen Zwecken legalisiert hatte. Laut Zeitungsberichten umfasst die Kirche unter dem Namen *Centro Espírita Beneficente União do Vegetal* 130 Mitglieder, die in Bronfmans Haus in Santa Fe zusammenkommen. Die Drogenbekämpfungsbehörde in den USA setzt sich weiterhin für die Einhaltung jener Gesetze ein, die den nicht religiösen Gebrauch von Yagé und anderer DMT enthaltender Substanzen untersagen.

FAMILIENBANDE: *Banisteriopsis caapi* gehört zu einer großen Familie blühender Sträucher und Lianen, die vorwiegend in Südamerika und auf den Westindischen Inseln wachsen.

Psychotria viridis gehört zur Familie der Kaffeegewächse, darunter Chinarindenbäume, Chininbäume, und ein giftiges, nach Maibowle schmeckendes Unterholzgewächs: Waldmeister. Eine weitere starke Kletterpflanze derselben Gattung ist die *Psychotria ipecacuanha* oder Brechwurzel, aus der Ipe-cac-Sirup, ein Mittel gegen Pflanzenvergif-tung, hergestellt wird.

SCHLUSSBEMERKUNGEN

GEGENGIFT

Während des gesamten 20. Jahrhunderts wurde Ipecac-Sirup als Behandlung im Falle einer Vergiftung empfohlen. Er wird aus den Wurzeln der *Psychotria ipecacuanha*, einem blühenden Strauch aus Brasilien, hergestellt. Der Sirup erwies sich als wirkungsvolles Emetikum, das zu starken Erbrechen führt, wobei auch das Gift wieder aus dem Körper gelangen soll. Er landete schließlich als Entgiftungsmittel im Notfallkästchen aller Familien mit kleinen Kindern.

Heute jedoch raten die *Amerikanische Akademie für Pädiatrie* und andere medizinische Vereinigungen vom Gebrauch von Ipecac ab, wenn es nicht von einem Arzt verschrieben oder von einer Giftzentrale empfohlen wurde. Der Sirup wird von Menschen mit Bulimie missbraucht und trug etwa zum Tod der Sängerin Karen Carpenter bei. Ipecac fand auch in einigen medienwirksamen Giftprozessen Erwähnung: Eltern hatten ihre Kinder vergiftet (und dann mit Ipecac »gerettet«), um mehr Aufmerksamkeit zu erhalten – ein *Münchhausen-Stellvertreter-Syndrom* genanntes Phänomen. Ärzte verfügen außerdem über wirkungsvollere Behandlungsmethoden und warnen, dass der häusliche Einsatz von Ipecac eine optimale Behandlung verzögert und Symptome bis zur Unkenntlichkeit verdeckt. Stattdessen empfehlen sie, eine Giftzentrale anzurufen oder sofort medizinische Hilfe anzufordern.

BRIONY

DIE KÜNSTLERIN UND DIE PFLANZE

B riony Morrow-Cribbs Werk umfasst Kupferstiche, aufwendig gestaltete Bücher und keramische »Kuriositätenkabinette«. Dort verarbeitet sie ihre Faszination für den Zusammenprall von rationaler Wissenschaftssprache und grotesk-absurder Alltagswelt. Nach ihrem Abschluss am Emily Carr Institute of Art wurden Morrow-Cribbs Arbeiten weltweit ausgestellt. Sie lebt in Brattleboro, Vermont, und wird von der Davidson Gallery in Seattle vertreten. Sie ist außerdem Mitbegründerin von Twin Vixen Press.

Briony teilt ihren Namen mit einem gemeinen Gewächs, der *Bryonia cretica*. Diese robuste Kletterpflanze aus Mittel- und Osteuropa bildet rote Beeren, die Erbrechen, Schwindel und sogar Atemversagen verursachen. Die weiße Zaunrübe, *B. alba*, wurde wegen ihrer invasiven Neigungen in dieser Region als »das Kudzu des pazifischen Nordwestens« bezeichnet. Alle Pflanzen der *Bryonia*-Gattung sind giftig für Mensch und Vieh. Im Volksmund sind sie unter anderem als Stickwurz, Faselrübe, Hundskürbis und Gichtrebe bekannt.

JONATHON

DER KÜNSTLER

Zum Kundenstamm des Brooklyner Künstlers Jonathon Rosen zählen unter anderem Tim Burton, *I.D. Magazine*, *Popular Science*, *Details*, Sony, *Outside Magazine*, *Psychology Today*, *New York Times Magazine*, Screwgun Records, *Salon*, *Rolling Stone*, *Fortune*, MTV, *Time Magazine* und *Mother Jones*. Er ist Autor und Illustrator zweier Bücher: *Intestinal Fortitude* (*Intestinale Stärke*) und *Birth of Machine Consciousness* (*Die Geburt des Maschinenbewusstseins*). Seine Arbeiten wurden vom New York Metropolitan Museum, David Cronenberg und Si Newhouse erworben.

GIFTGÄRTEN

ALNWICK GIFTGÄRTEN

Dieser Garten im englischen Northumberland ist mit Sicherheit der weltweit beste Ort, um Giftpflanzen zu sehen. Fans der Harry-Potter-Filme werden die mittelalterliche Burg von Alnwick wiedererkennen, die in den beiden ersten Filmen als Kulisse für Hogwarts diente. In den Gärten um die Burg gibt es einen aufwendig gestalteten Giftgarten, wo Bilsenkraut und Tollkirschen neben Tabak und umzäunten Cannabisarten blühen. Auf jeden Fall einen Besuch wert.

www.alnwickgarden.com

+44(0)1665 511350

BOTANISCHER GARTEN PADUA

Der älteste botanische Garten der Welt ist in Padua. Er birgt eine beeindruckende Sammlung giftiger Pflanzen.

www.ortobotanico.unipd.it

+39 049 8272119

CHELSEA PHYSIC GARDEN

Dieser ummauerte, jahrhundertealte Apothekergarten im Herzen Londons beherbergt zahlreiche Arznei- und

Giftpflanzen sowie einen faszinierenden »Garten der Ord-
nungen«, der die Verwandtschaftsgrade verschiedener
Pflanzenfamilien zeigt.

www.chelseaphysicgarden.co.uk

+44(0)20 7352 5646

BOTANISCHER GARTEN VON MONTREAL

Zu diesem botanischen Garten von Weltformat gehören auch ein kleiner eingezäunter Gift- und ein Arzneigarten. Zur Sammlung zählt sogar Giftefeu.

www2.ville.montreal.qc.ca/jardin

+1(514) 872-1400

MUTTER-MUSEUM

Das College of Physicians in Philadelphia unterhält
dieses Museum über unsere zuweilen recht grausige Medizingeschichte. Neben antikem Medizinbesteck und patho-
logischen Exponaten gibt es auch einen Arzneigarten voller wirkungsmächtiger Pflanzen.

www.collphil.org

+1(215) 563 3737

W. C. MUENSCHER POISONOUS PLANT GARDEN

Die Cornell-Universität unterhält in Ithaca, New York,
als Teil ihrer Veterinärsschule einen Giftgarten. Die meisten Pflanzen sind nordamerikanischen Gärtnern bekannt.

Ziel ist es, Studenten der Veterinärmedizin mit jenen giftigen Pflanzen bekannt zu machen, mit denen Tiere am
wahrscheinlichsten in Berührung kommen.

www.plantations.cornell.edu

+1(607) 255 2400

BIBLIOGRAPHIE

Giftpflanzen: Kompendien und Bestimmungsbücher

Brickell, Christopher: Die große Pflanzen-Enzyklopädie von A–Z. München: Dorling Kindersley, 2010.

Brown, Tom, Jr.: Tom Brown's Guide to Wild Edible and Medicinal Plants. New York: Berkley Books, 1985.

Bruneton, Jean: Toxic Plants Dangerous to Humans and Animals. Secaucus, NJ: Lavoisier Publishing, 1999.

Foster, Steven: Venomous Animals and Poisonous Plants. New York: Houghton Mifflin, 1994.

Frohne, Dietrich: Giftpflanzen. Ein Handbuch für Apotheker, Ärzte, Toxikologen und Biologen. Stuttgart: Wissenschaftliche Verlags-Gesellschaft, 2004.

Kingsbury, John: Poisonous Plants of the United States and Canada. Englewood Cliffs, NJ: Prentice Hall, 1964.

Klaassen, Curtis: Casarett & Doull's Toxicology. The Basic Science of Poisons. New York: McGraw-Hill Professional, 2001.

Turner, Nancy: Common Poisonous Plants and Mushrooms of North America. Portland, OR: Timber Press, 1991.

Van Wyk, Ben-Erik: Handbuch der giftigen und psychoaktiven Pflanzen. Mit 266 chemischen Formeln sowie 13 Tabellen. Stuttgart: Wissenschaftliche Verlags-Gesellschaft, 2008.

Weiterführende Literatur

Adams, Jad: Hideous Absinthe. A History of the Devil in a Bottle. Madison: University of Wisconsin Press, 2004.

Anderson, Thomas: The Poison Ivy, Oak & Sumac Book. A Short Natural History and Cautionary Account. Ukiah, CA: Acton Circle Publishing, 1995.

Attenborough, David: Das geheime Leben der Pflanzen. Wie Pflanzen sich orientieren, verständigen, fortbewegen, ums Überleben kämpfen; eine neue Sicht der Pflanzenwelt. Rheda-Wiedenbrück: Bertelsmann-Club, 1996.

Balick, Michael J.: Drogen, Kräuter und Kulturen. Pflanzen und die Geschichte des Menschen. Darmstadt: Wissenschaftliche Buchgesellschaft, 1997.

Booth, Martin: Cannabis. A History. New York: St. Martin's Press, 2003.

Booth, Martin: Opium. A History. New York: Thomas Dunne, 1998.

Brickhouse, Thomas: The Trial and Execution of Socrates. New York: Oxford University Press, 2001.

Cheeke, Peter R.: Toxicants of Plant Origin. Vol. I, Alkaloids. Boca Raton, FL: CRC Press, 1989.

Conrad, Barnaby: Absinthe. History in a Bottle. San Francisco: Chronicle Books, 1988.

Crosby, Donald: The Poisoned Weed. Plants Toxic to Skin. New York: Oxford University Press, 2004.

D'Amato, Peter: The Savage Garden. Cultivating Carnivorous Plants. Berkeley, CA: Ten Speed Press, 1998.

Everist, Selwyn: Poisonous Plants of Australia. Sydney, Australia: Angus and Robertson, 1974.

Gately, Iain: Tobacco. The Story of How Tobacco Seduced the World. New York: Grove Press, 2001.

Gibbons, Bob: The Secret Life of Flowers. London: Blandford, 1990.

Grieve, M.: A Modern Herbal. Vols. 1 and 2. New York: Dover, 1982.

Hardin, James: Human Poisoning from Native and Cultivated Plants. Durham, NC: Duke University Press, 1974.

Hartzell, Hal, Jr.: The Yew Tree. A Thousand Whispers. Eugene, OR: Hulogosi, 1991.

Hodgson, Barbara: In The Arms of Morpheus. The Tragic History of Laudanum, Morphine, and Patent Medicines. Buffalo, NY: Firefly Books, 2001.

Hodgson, Barbara: Opium. A Portrait of the Heavenly Demon. San Francisco: Chronicle Books, 1999.

Jane, Duchess of Northumberland: The Poison Diaries. New York: Harry N. Abrams, 2006.

Jolivet, Pierre: Interrelationship between Insects and Plants. Boca Raton, FL: CRC Press, 1998.

Lewin, Louis: Phantastica. Die betäubenden und erregenden Genußmittel; für Ärzte und Nichtärzte. Paderborn: Voltmedia, 2005.

Macinnis, Peter: Poisons. From Hemlock to Botox to the Killer Bean of Calabar. New York: Arcade Publishing, 2005.

Mayor, Adrienne: Greek Fire. Poison Arrows, and Scorpion Bombs. Biological and Chemical Warfare in the Ancient World. Woodstock, NY: Overlook Duckworth, 2003.

Meinsesz, Alexandre: Killer Algae. Chicago: University of Chicago Press, 1999.

Ogren, Thomas: Allergy-Free Gardening. Berkely, CA: Ten Speed Press, 2000.

Pavord, Anna: Wie die Pflanzen zu ihren Namen kamen. Eine Kulturgeschichte der Botanik. Berlin: Berlin Verlag, 2008.

Pendell, Dale: Pharmako/Dynamis: Stimulating Plants, Potions and Herbcraft. Excitantia and Empathogenica. San Francisco: Mercury House, 2002.

Rocco, Fiammetta: Quinine. Malaria and the Quest for a Cure That Changed the World. New York: HarperCollins, 2003.

Schiebinger, Londa: Plants and Empire. Colonial Bioprospecting in the Atlantic World. Cambridge, MA: Harvard University Press, 2004.

Spinella, Marcello: The Psychopharmacology of Herbal Medicine. Plant Drugs That Alter Mind, Brain, and Behavior. Cambridge, MA: The MIT Press, 2001.

Stuart, David: Dangerous Garden. The Quest for Plants to Change Our Lives. Cambridge, MA: Harvard University Press, 2004.

Sumner, Judith: The Natural History of Medicinal Plants. Portland, OR: Timber Press, 2000.

Talalaj, S., D. Talalaj, and J. Talalaj: The Strangest Plants of the World. London: Hale, 1992.

Timbrell, John: The Poison Paradox. New York: Oxford University Press, 2005.

Todd, Kim: Chrysalis. Maria Sibylla Merian and the Secrets of Metamorphosis. New York: Harcourt, 2007.

Tompkins, Peter: Das geheime Leben der Pflanzen. Pflanzen als Lebewesen mit Charakter und Seele und ihre Reaktionen in den physischen und emotionalen Beziehungen zum Menschen. Frankfurt am Main: Fischer, 1977.

Wee, Yeow Chin: Plants That Heal, Thrill and Kill. Singapore: SNP Reference, 2005.

Wilkins, Malcolm: Physiologie der Pflanzen. Ein neuartiges Lehrbuch mit Farbfotos. Stuttgart: Franckh, 1998.

Wittles, Betina: Absinthe. Sip of Seduction; A Contemporary Guide. Denver, CO: Speck Press, 2003.

Weitere Anregungen zur Lektüre in deutscher Sprache

Arzt, Volker: Kluge Pflanzen: Wie sie locken und lügen, sich warnen und wehren und Hilfe holen bei Gefahr. München: C. Bertelsmann, 2009.

Behr, Hans-Georg: Von Hanf ist die Rede: Kultur und Politik einer Droge. Reinbek bei Hamburg: Rowohlt, 1987.

Boomgarden, Heike: Giftpflanzen in Haus und Garten: [150 giftige Garten- und Zimmerpflanzen; Merkmale, Doppelgänger, Notfallhilfe]. Stuttgart: Kosmos, 2010.

Eisendle, Helmut: Tod & Flora: ein Glossar über die Verwendung von Giftpflanzen für den asthenischen Täter. Salzburg / Wien: Jung und Jung, 2009.

Fellner, Sabine; Unterreiner, Katrin: Morphium, Cannabis und Cocain: Medizin und Rezepte des Kaiserhauses. Wien: Amalthea, 2008.

Freud, Sigmund: Schriften über Kokain. Frankfurt am Main: Fischer Taschenbuchverlag, 1996.

Hensel, Wolfgang: Welche Giftpflanze ist das?: 170 Giftpflanzen einfach bestimmen. Typische Merkmale auf einen Blick. Stuttgart: Kosmos, 2006.

Hielscher, Kej / Hücking, Renate: Pflanzenjäger: In fernen Welten auf der Suche nach dem Paradies. München: Piper, 2002.

Möller, Lenelotte / Vogel, Manuel (Hrsg.): Die Naturgeschichte des Gaius Plinius Secundus. Wiesbaden: Marix, 2008.

Mündl, Kurt: Tabak: ein Kraut verändert die Welt. Graz; Wien; Köln: Styria, 2001.

Nitsche, Diana: Absinth: Medizin- und Kulturgeschichte einer Genussdroge. Heidelberg: Univ. Diss., 2005.

Prentner, Angelika: Bewusstseinsverändernde Pflanzen von A–Z. Wien / New York, NY: Springer, 2010.

Roth, Lutz / Daunderer, Max / Kormann, Kurt: Giftpflanzen – Pflanzengifte: Vorkommen, Wirkung, Therapie; allergische und phototoxische Reaktionen. Hamburg: Nikol, 2008.

Scheppach, Joseph: Das geheime Bewusstsein der Pflanzen: Botschaften aus einer unbekannten Welt. München: Droemer/ Knaur, 2009.

Seefelder, Matthias: Opium: Eine Kulturgeschichte. München: DTV, 1990.

Wigal, Donald: Die Faszination des Opiums: in Geschichte und Kunst. New York: Parkstone Press, 2004.

Der Berlin Verlag Taschenbuch dankt für folgende Abdruckgenehmigungen:

S. 13: Nathaniel Hawthorne, *Der scharlachrote Buchstabe*. Aus d. Amerikan. von Paula Saatmann. München: Karl Alber Verlag, 1948.

S. 19: John Donne, George Herbert und Andrew Marvell, *Geh fang eine Stern, der fällt*. Hrsg. von Wolfgang Kaußen. Mit Übertr. von Werner Vordtriede und Wolfgang Kaußen und einem Essay von T. S. Eliot. Frankfurt a. M.: Insel Verlag, 2001.

S. 178: Maria Sibylle Merian: *Das Insektenbuch*. Übertr. des niederländ. Textes von Gerhard Worgt. Frankfurt a. M.: Insel Verlag, 2002.

S. 231: Alexandre Dumas, *Der Graf von Monte Christo*. Nach einer alten Übers. aus dem Franz. von Meinhard Hasenbein. Berlin: Insel Verlag, 2010.

Wie Orchideen und Lilien nach Europa kamen

Kej Hielscher / Renate Hücking
Pflanzenjäger
In fernen Welten auf der Suche nach dem Paradies

Piper Taschenbuch, 272 Seiten
€ 9,95 [D], € 10,30 [A]*
ISBN 978-3-492-24163-2

Durch Pflanzenjäger wurden europäische Gärten zu blühenden Paradiesen, kamen exotische Pflanzen in unsere Gewächshäuser und Wintergärten. Wer waren die Männer und Frauen, die oft unter Lebensgefahr ferne Länder bereisten, um »grünes Gold« zu erbeuten? Zu den berühmtesten gehören Alexander von Humboldt und Adelbert von Chamisso. Die Autorinnen erzählen von wissenschaftlicher Neugier und Ehrgeiz, von Gewinnstreben und Abenteuerlust, von aufregenden, gefährlichen Reisen und wunderbaren Pflanzen.

PIPER

Leseproben, E-Books und mehr unter **www.piper.de**